玄武岩纤维混凝土

——抗冻性及冻融环境下力学性能研究

Basalt Fiber Reinforced Concrete
Study on the Frost Resistance and Mechanical Properties under Freeze-Thaw Environment

赵燕茹　白建文　著

科学出版社

北 京

内 容 简 介

本书为新型复合土工工程材料——玄武岩纤维混凝土抗冻性及冻融环境下力学性能的研究成果。全书共 8 章，主要内容包括绪论、基于快速冻融和单面冻融试验方法的玄武岩纤维混凝土抗水冻性能、抗盐冻性能、电镜微观形貌、孔结构，以及基于数字图像相关方法分析冻融环境下玄武岩纤维混凝土弯曲损伤破坏性能、断裂性能、冲击性能、疲劳性能。本书采用试验研究、理论分析、微观结构分析等研究方法，可为开展相关研究提供参考和借鉴。

本书可供土工工程专业领域研究人员、高等院校教师及研究生参考使用。

图书在版编目(CIP)数据

玄武岩纤维混凝土：抗冻性及冻融环境下力学性能研究/赵燕茹，白建文著. —北京：科学出版社，2021.3
ISBN 978-7-03-068364-9

Ⅰ.①玄… Ⅱ.①赵… ②白… Ⅲ.①玄武岩-纤维增强混凝土-抗冻性-力学性能-研究 Ⅳ.①TU528.572

中国版本图书馆 CIP 数据核字（2021）第 044879 号

责任编辑：刘信力 郭学雯／责任校对：彭珍珍
责任印制：吴兆东／封面设计：无极书装

科 学 出 版 社 出版
北京东黄城根北街 16 号
邮政编码：100717
http://www.sciencep.com

北京科印技术咨询服务有限公司数码印刷分部印刷
科学出版社发行 各地新华书店经销

*

2021 年 3 月第 一 版 开本：720×1000 1/16
2025 年 2 月第三次印刷 印张：11 插页：1
字数：220 000
定价：88.00 元
（如有印装质量问题，我社负责调换）

Preface | 前　言

　　玄武岩纤维是一种新型环保的无机纤维材料，是目前较为理想的增强、增韧纤维材料。将玄武岩纤维与传统土木工程材料混凝土相结合，为改良混凝土性能而形成了新型优质土木工程材料——玄武岩纤维混凝土，其以优良的抗拉抗弯强度、阻裂限缩能力、耐冲击及抗渗、抗冻性能，而成功地应用于军事、水利、建筑、机场、公路等领域。近年来，对玄武岩纤维混凝土的力学性能和耐久性能的研究已经逐渐成为相关领域的研究热点。

　　处于寒冷地区的混凝土构件在承受荷载的同时，往往也会受到冻融循环荷载的影响。冻融循环将导致混凝土内部物质结构发生改变、力学性能指标下降，因而在进行结构设计计算、损伤效应分析时，就不能单纯地考虑荷载的破坏作用，还需计入冻融的损伤劣化效应，否则就会因高估材料的承载能力而造成使用安全隐患。因此，研究玄武岩纤维混凝土材料在冻融条件下的力学响应特性，对合理进行工程结构的损伤修复评估、拓展玄武岩纤维混凝土的应用领域等具有重要意义。

　　感谢国家自然科学基金项目（No. 11062007，11362013，11762015）、教育部高等学校博士学科点专项科研基金项目（No. 20101514120005）、内蒙古自治区自然科学基金项目（No. 2010MS0703），在这些项目的资助下，作者能够在玄武岩纤维混凝土抗冻性、力学性能和微观结构方面比较系统地开展一些初步研究工作，本书即为上述研究工作的一个阶段性总结。

本书共 8 章，主要内容包括绪论、基于快速冻融和单面冻融试验方法的玄武岩纤维混凝土抗冻性能、抗盐冻性能、电镜微观形貌、孔结构，以及基于数字图像相关方法分析冻融环境下玄武岩纤维混凝土弯曲损伤破坏性能、断裂性能、冲击性能、疲劳性能。上述内容是在认真学习国内外专家、学者研究成果的基础上，由作者和研究团队完成的，按照参与项目研究时间的先后顺序，他们分别是何晓雁、王利强、徐娜、韩霄峰、索伦、刘宇蛟、董艳颖、范晓奇、苏颂、王磊、时金娜、郭子麟、郝松、宋博等。

作者水平有限，书中不足之处在所难免，恳请专家和读者不吝赐教与指导。

作者

2021 年 3 月 16 日

Contents | 目 录

彩图

第 1 章 绪 论

1.1 玄武岩纤维特性及应用

1.1.1 玄武岩纤维特性

社会与科技高质量发展的实现离不开强大的材料支撑。"十三五"期间,国家已将玄武岩纤维(basalt fiber)列为重点发展的四大纤维材料之一,2020年初施行的《重点新材料首批次应用示范指导目录(2019 年版)》[1]也再次将玄武岩纤维列入关键战略材料。玄武岩纤维是指玄武岩石料在 1450~1500℃熔融后,通过合金拉丝漏板快速拉制而成的新型纤维材料,颜色一般为褐色,有些似金色。由于天然的玄武岩矿石熔化过程中碱金属氧化物的析出很少,所以排放的烟尘中无有害物质,对环境污染小;此外,玄武岩纤维具有很高的热稳定和化学稳定性,其主要成分是 SiO_2、Al_2O_3、Fe_xO_y、CaO、MgO、Na_2O、K_2O、TiO_2 等多种氧化物,含量如表 1-1 所示,材料组成成分中没有有害物质;并且玄武岩纤维废弃后可被土壤自然降解,无任何危害,因而是一种名副其实的绿色、新型环保材料[2]。

表 1-1 玄武岩纤维化学成分

化学成分	SiO_2	Al_2O_3	Fe_xO_y	CaO	MgO	Na_2O+K_2O	TiO_2
质量分数/%	46~52	10~18	8~16	6~13	7~12	2~10	1.5~2

玄武岩纤维具有多功能性,表现为具有抗腐蚀、抗燃烧、耐低温、抗冻、抗老化等多种优异性能,其物理性能如表 1-2 所示。

表 1-2 玄武岩纤维与其他纤维的物理性能对比

物理、力学性能	玄武岩纤维	玻璃纤维	碳纤维	聚丙烯纤维	芳纶纤维
密度/(g/cm³)	2.6~2.8	2.55~2.62	1.5~2.0	0.91	1.44
使用温度/℃	−260~700	−60~450	−50~600	−10~160	−50~250
热传导系数/(W/(m·K))	0.031~0.038	0.034~0.040	5~185	0.24	0.04~0.13

续表

物理、力学性能	玄武岩纤维	玻璃纤维	碳纤维	聚丙烯纤维	芳纶纤维
比体积电阻/（Ω·m）	$1×10^{12}$	$1×10^{11}$	$2×10^{5}$	$1×10^{21}$	$1×10^{13}$
吸音系数/%	0.9～0.99	0.8～0.93	—	—	—

玄武岩纤维具有优异的力学性能。从各纤维的力学性能指标表 1-3 可以看出，玄武岩纤维的抗拉强度和弹性模量仅次于碳纤维，但高于其他纤维，具有很好的市场竞争力。

表 1-3 玄武岩纤维与其他纤维的力学性能对比

物理、力学性能	玄武岩纤维	玻璃纤维	碳纤维	聚丙烯纤维	芳纶纤维
抗拉强度/MPa	3000～4800	1500～3500	3000～6500	270～700	2900～3400
弹性模量/GPa	80～110	70～80	230～600	3.5～9	70～140
断裂延伸率/%	3.1～3.2	2～8	1.25～1.60	30～50	2.5～4.0

玄武岩纤维生产成本低，具有发展潜力。玄武岩纤维、玻璃纤维、碳纤维、芳纶纤维价格分别为 2～2.5 美元/kg、1.0～1.5 美元/kg、20～30 美元/kg、20～25 美元/kg，因此玄武岩纤维成本相对低廉，与碳纤维等纤维相比有更高的性价比优势[2]。

玄武岩纤维与混凝土组成成分接近，具有天然的相容性，分散性优于其他纤维，克服了传统纤维搅拌不均匀、易结团的缺点，提高了混凝土的和易性，从而能很好地提高混凝土的抗拉、抗冲击、抗裂耐磨性能，起到加固补强、增强增韧的作用[3]。

1.1.2 玄武岩纤维的应用领域

玄武岩纤维应用范围十分广泛，在航空、航天、建筑建材、道路桥梁建设、汽车船舶制造、风力发电、防火消防、过滤环保、绝缘电子、石油化工、体育用品等领域都能大展身手。以玄武岩纤维为增强体可制成各种性能优异的复合材料，在航空航天、火箭、导弹、战斗机、核潜艇等军舰、坦克等武器装备的国防军工领域有广泛的应用。

玄武岩纤维具有耐温的特性，可用于高温过滤材料（如除尘袋、汽车消音器滤芯）、避火消防服阻燃隔热面料、防火卷帘、过冷防护服、防弹服、热防护服、军用帐篷、坦克发动机绝热隔音罩、核潜艇等军舰内装饰、火箭燃烧喉管等，是军工武器装备领域优选的新材料。玄武岩纤维增强树脂基复合材料是制造坦克装甲车辆的车身材料，可减轻其重量；也可用于制造火炮材料[4]。在船舶工业中可大量用于船壳体、机舱绝热隔音和上层建筑。玄武岩纤维的蜂窝板可制成火车车厢板，既减轻了车厢的重量，又是一种良好的阻燃材料。玄武岩纤维缠绕环氧树脂的管材，可用于输送石油、天然气、冷热水、化学腐蚀液体、散料、电缆管道、低压和高压钢瓶等[5]。

2018 年底，著名的南京长江大桥经过封闭维修，再次通车。升级版的南京长江大桥就在关键部位使用了玄武岩纤维。玄武岩纤维有优异的抗拉增强性能，大桥施工人员将玄武岩纤维与混凝土构件黏结，对大桥进行加固，让桥梁更轻盈、更长寿。此外，我国在杭金衢高速公路、郑万高速铁路以及南海岛礁等工程的建设中也用到了玄武岩纤维。路用玄武岩纤维土工格栅可以有效降低沥青路面的裂缝和车辙的病害，大大延长了路面使用寿命，在改善和提升路面结构高温稳定性、低温抗裂性等方面均有显著效果。玄武岩纤维复合筋具有强度高、耐腐蚀等优良特性，可以替代钢筋应用于土木工程中。目前，将短切玄武岩纤维掺入混凝土中形成的玄武岩纤维增强混凝土具有很好的强度、抗渗性、抗裂性、耐高低温和抗冲击性，在实际工程中已有广泛的应用，主要用于房屋、公路、航空、桥梁、港口、军事设施等工程领域。因此，开展对玄武岩纤维混凝土的研究与应用有着十分重要的意义。

1.2　玄武岩纤维混凝土的力学性能

1.2.1　玄武岩纤维混凝土基本力学性能

近年来，国内外学者对玄武岩纤维混凝土的基本力学性能进行了相应的研究，取得了一些成果。廉杰和杨勇新[6]通过研究玄武岩纤维体积掺量和长径比两个因素对混凝土的基本力学性能的影响，认为掺加玄武岩纤维能够有效地提高混凝土的抗压、劈拉、弯折强度，且增强幅度与玄武岩纤维的体积掺量和长径比取值范围有关。彭苗和黄浩雄[7]研究了体积掺量为 $0 \sim 5 \text{kg/m}^3$ 的玄武岩纤维混凝土的基本力学性能，试验结果表明，在混凝土中掺入玄武岩纤维后，其抗压强度、劈裂强度和抗折强度均有明显提高，抗压提高率最高达 46.3%，劈裂抗拉最高提升 27.3%，而抗折最高可以提高 25.0%。Tumadhir[8]证明，玄武岩纤维的掺量不是越高越好，当其掺量不超过 0.3% 时，纤维混凝土的抗压强度会随着掺量的提高而增强，但当掺量是 0.5% 时，抗压强度反而会下降12%。吴钊贤等[9]的试验则表明，掺入玄武岩纤维后，纤维混凝土的抗弯强度提升明显，劈拉强度则提高效果不明显，最高仅提高 3.25%。李忠良[10]通过测定不同玄武岩纤维掺量下混凝土的抗折、抗压、劈拉等力学性能，结合纤维混凝土经典理论对玄武岩纤维增强混凝土机理进行剖析，发现玄武岩纤维混凝土抗折强度随纤维体积率增加而增大，当纤维体积率为 0.3% 时，混凝土的抗折强度达到极值。尹玉龙[11]研究了玄武岩纤维不同体积掺量对混凝土性能的影响，结果表明：由于玄武岩纤维的加入，混凝土的力学性能均有不同程度提高，如抗压强度、劈裂抗拉强度和抗弯强度随纤维体积率的增加而增大，同时混凝土的韧性也得到了提高。吴钊贤[12]通过对比试验发现，玄武岩纤维能够提高混凝土力学性能，随着玄武岩纤维掺量的增加，混凝土抗压强度逐渐增加，对劈拉、弯拉强度也有不同程度的增加。王钧等[13]为了探究纤维掺量对混凝土力学性能的影响，对不同掺量玄武岩纤维混凝土进行抗压、劈裂抗拉、抗折试验，结果表明：随着纤维掺量的增加，劈裂抗拉强度增幅较大，抗折强度保持上升趋势，对早期抗压强度有所提高。张兰芳等[14]研究了玄武岩纤维对混凝土力学性能的影响规律，试验发现：玄武岩纤维对混凝土抗压强度改善不明显，但可以明显提高混凝土抗折和劈裂抗拉强度，同时纤维的掺入能够降低混凝土的脆性，提高其韧性和抗裂性。

1.2.2 玄武岩纤维混凝土动态力学性能

玄武岩纤维的掺入可以对混凝土产生微加筋的作用，阻止其微小裂缝的形成。而且微小裂缝形成后，因为拔出纤维或拉断纤维将消耗能量，玄武岩纤维的掺入还可以减缓裂缝的发展，因此玄武岩纤维混凝土具有良好的动态力学性能。李为民和许金余[15]研究了在冲击荷载作用下，相同掺量的玄武岩纤维和碳纤维混凝土的动态力学性能的变化，结果表明：如果可以使玄武岩纤维均匀地分散在混凝土中，就可以在水泥基中形成一种纤维网状结构，从而限制混凝土微裂缝的产生和发展，玄武岩纤维对混凝土的增强、增韧效果优于碳纤维。孟雪桦等[16]通过不同掺量的玄武岩纤维混凝土荷载-位移曲线计算出了断裂能，发现随着纤维掺量的提高，纤维混凝土的断裂能增大，增大速度是非线性的。潘慧敏[17]的试验证实，掺入玄武岩纤维可以提高混凝土的抗压和抗折强度，对抗弯冲击性能的提高更是明显，可以达到50%～180%。熊智文[18]通过玄武岩纤维混凝土的准静态抗压强度试验和动态压缩试验发现，普通混凝土的破坏面为圆锥形，破坏严重，完整性差，而玄武岩纤维混凝土破坏时会产生多条裂缝，破坏时有一定的延性。

目前，玄武岩纤维掺入混凝土后能够提高抗折强度、韧性、冲击等性能已形成统一结论，但是否能够提高抗压强度还没有统一结论，还需要进行深入系统的研究。同时，玄武岩纤维逐渐应用于道路桥梁工程中，研究玄武岩纤维混凝土疲劳性能也具有较大的工程意义。

1.3 基于快速冻融方法的玄武岩纤维混凝土抗冻性能研究现状

朱华军[19]通过对普通混凝土、玄武岩纤维混凝、层布式钢纤维混凝土和层布式混杂纤维混凝土的耐久性各项指标进行对比和分析发现：玄武岩纤维混凝土的抗渗性、抗冻性、干缩性和抗氯离子渗透性明显优于普通混凝土，冻融初期玄武岩纤维混凝土与普通混凝土相对动弹性模量的下降趋势几乎相同，但在冻融循环后期普通混凝土相对动弹性模量下降程度要大于玄武岩纤维混凝土，并随着纤维掺量的增加，动弹性模量下降程度递减，而且玄武岩纤维混凝土的耐久性优于层布式钢纤维混凝土。谢永亮等[20]从质量变化和相对动弹模量两个方面研究了普通混凝土与玄武岩纤维混凝土抗冻性能，分析发现：玄武岩纤维的加入能有效减少混凝土内部微裂缝，降低内部因冻涨产生的拉应力，相对耐久性指数较普通混凝土提高了71.1%，提高了混凝土的抗冻性能。刘子心[21]对玄武岩纤维增强混凝土冻融性能开展了试验研究和有限元数值模拟，从理论和试验两方面验证了玄武岩纤维对于混凝土抗冻融性能的改善作用，结果表明：随着玄武岩纤维掺量的增加，纤维混凝土由低温引起的内部应力逐渐降低，冻融损伤逐渐减小；当纤维体积掺量为0.3%时，玄武岩纤维混凝土由冻融损伤引起的内部应力最小，抗冻融效果最好。齐桂华[22]对不同纤维掺量下的玄武岩纤维混凝土进行了冻融循环试验，对比不同纤维掺量对混凝土抗冻性的影响，结果发现：冻融循环后，普通混凝土的质量损失率大于玄武岩纤维混凝土，随着纤维掺量的增加，质量损失率逐渐降低；相对动弹性模量下降速度随冻融次数的增加而增大，且比掺入玄武岩纤维的快很多。Jin等[23]和Fan等[24]采用冻融循环试验，以弹性模量和质量损失为评价指标研究不同玄武岩纤维掺量下混凝土的抗冻性能，结果表明：玄武岩纤维对混凝土内部裂缝和表面剥落有很好的抑制作用；玄武岩纤维混凝土的抗冻性能优于普通混凝土，随纤维掺量增加，混凝土抗冻融性能不断提高，且纤维体积掺量为0.3%的玄武岩纤维混凝土抗冻性能最佳。

金生吉等[25]分别测试了玄武岩纤维增强混凝土在水、5%NaCl溶液、5%MgSO$_4$溶液、5%MgCl$_2$＋5%Na$_2$SO$_4$溶液四种冻融介质下混凝土的抗冻性，试验结果表明：玄武岩纤维有极强的耐酸碱腐蚀能力，在腐蚀环境下可以起到很好的承托骨架和连接纽带作用，可将其周围混凝土紧裹在一起，以减缓混凝土内部由密实到疏松的变化过程，从而减缓了混凝土冻融循环时相对动弹性模量的降低，使混凝土在腐蚀条件下抵抗冻融破坏的能力增强。王利强[26]以玄武岩纤维体积率、冻融循环次数为试验变量，分别对玄武岩纤维混凝土在水、3.5%NaCl溶液和飞机除冰液中进行快速冻融试验，测定不同冻融次数下混凝土外观形貌、质量损失、动弹模量等参数，结果表明：玄武岩纤维能够提高混凝土阻裂性能，随着纤维体积率增大，混凝土冻融后的质量损失率、相对动弹模量、抗压、抗折强度的下降速度明显减缓。

目前，学者对玄武岩纤维混凝土的力学性能和抗冻性研究主要集中在宏观方面，对微观性能研究较少，而宏观与微观相结合的研究方法更不多见。对于纤维的掺入对混凝土抗冻性的作用的研究大部分停留在宏观力学方面，多为试验现象的描述，对内在影响机理剖析较浅。同时，冻融作用后玄武岩纤维混凝土弯曲损伤、断裂、冲击、疲劳等性能的研究尚不完善。

1.4　基于单面冻融方法的混凝土抗冻性能研究现状

目前，对混凝土冻融试验的研究多是采用快速冻融试验标准，相比而言，单面冻融损伤更集中在试件表面，单面冻融试验能更好地模拟混凝土道面实际受冻情况，更适用于道路混凝土的抗冻性研究。单面冻融法最典型的代表为国际材料与结构研究实验联合会颁布的 RILEM TC117-FDC 标准中的毛细吸盐冻融试验方法（CDF 法）[27]。在我国，单面冻融法于 2009 年纳入《普通混凝土长期性能和耐久性能试验方法标准》（GB/T 50082—2009）。李中华[28]基于冻融介质、试件和冻融介质接触方式等方面，选择适合寒冷地区道路混凝土抗冻性研究的试验方法，结果表明：混凝土快速冻融试验时间短，试件降温速度快，致使冻融介质的渗透和扩散过程进行程度不高，而混凝土单面冻融法更适用于道路混凝土的抗冻性研究。李中田等[29]采用单面冻融法进行混凝土抗冻性试验研究，发现冻融介质仅与试件底面接触，因此冻融试验后只在试件与盐溶液接触面部位有损伤，与全部浸水的快速冻融试验相比，单面冻融试验更接近道路工程现场实际情况。张国强[30]根据混凝土盐冻剥蚀以表面剥落为主这一特性，发现单面盐冻试验方法更符合盐冻破坏特征，并能适应工程现场取样需要。

杨全兵[31]采用单面冻融试验，研究了 8 种包括无机和有机化学物质的盐以及融雪剂对混凝土盐冻破坏的影响，研究表明：盐介质的降低冰点、吸湿作用导致混凝土盐冻破坏，冰点降低越多、吸湿性越强，混凝土盐冻破坏越严重。张国杰等[32]通过单面冻融试验研究了水泥混凝土中微观气孔与宏观抗盐冻性的关系，结果表明，气孔面积与混凝土抗盐冻性有关；在盐冻过程中，高、低强度混凝土气孔的发育与破坏过程有明显区别，高强度混凝土抗盐冻性能远高于低强度混凝土。王晓伟等[33]通过单面盐冻试验，研究聚乙烯醇（PVA）纤维掺量、水胶比、粉煤灰掺量对水泥基复合材料抗冻性能的影响，试验结果表明，PVA 纤维掺量在 0～2% 范围内的水泥基复合材料，其抗冻性能随纤维掺量的增加而增强；水胶比在 0.27～0.4 范围内的 PVA 纤维水泥基复合材料，其抗冻性随水胶比的增大而减弱。唐广界等[34]采用单面冻融试验，研究了相同强度等级下普通混凝土、钢纤维混凝土和掺膨胀剂混凝土的抗盐冻性能，结果表明：钢纤维混凝土的抗盐冻性能高于普通混凝土，掺膨胀剂混凝土的抗盐冻性能均低于普通混凝土、钢纤维混凝土。

刘文博等[35]针对我国机场水泥混凝土道面盐冻破坏现象,采用混凝土单面冻融循环试验,对不同浓度醋酸钾除冰液下混凝土的剥落量进行统计,结果显示:在中、低浓度醋酸钾溶液中,混凝土发生的盐冻破坏最严重,其原因是混凝土溶液吸入量、吸入速率和溶液结冰体积膨胀率等因素的共同作用。陈继超等[36]采用单面冻融法,测试了机场道面混凝土在不同浓度甲酸钠溶液中的抗冻性,结果表明:在中、低浓度甲酸钠溶液中,混凝土的冻融破坏最严重,在高浓度甲酸钠溶液和水中的破坏较轻;在冻融循环过程中,混凝土吸水率和除冰剂结冰膨胀率共同决定混凝土的冻融破坏速率。其后,陈继超等以相同方法研究机场道面混凝土在不同浓度乙二醇溶液浸泡后的抗冻性能,结果表明:中低浓度乙二醇溶液条件下,混凝土冻融破坏较为严重,当乙二醇浓度为 3% 时,冻融破坏最为严重[37]。

1.5 冻融后混凝土孔结构研究现状

1.5.1 混凝土孔结构的分类

混凝土是由非均质、非同向的多相混合材料组成的,其内部包含粗细集料、胶凝材料,游离水和结晶水,以及气孔和裂缝中的气体等。由于混凝土复杂的组成体系以及施工配制工艺的不同,其内部必然存在孔隙。对于混凝土性能而言,孔隙结构是非常重要的影响因素。

混凝土内部组成的复杂性决定混凝土内部孔隙来源的多样性。首先,组成混凝土的粗细集料自身包含孔隙和裂缝;其次,在混凝土的制备成型、人工振捣、水化放热等过程难免会产生大孔洞、微裂缝等缺陷;再次,水泥水化反应会持续放热,并且混凝土内部多余的水分会逐渐蒸发,热量与多余水分的排出直接导致孔隙的形成;最后,泌水会导致混凝土内部产生连通孔隙和毛细管通路,而加入引气剂可引入更多封闭气孔,且分布较为均匀[38]。

对于混凝土内部孔而言,其孔隙类型大体可分为凝胶孔、毛细孔和非毛细孔。凝胶孔散布于水泥凝胶体中的细微空间,多为封闭孔;毛细孔多是在水泥水化过程中内部水分蒸发后形成于水泥石中,大多为开放型且所占体积较大;其他原因形成的孔隙则为非毛细孔[39]。孔结构具有多尺度性,孔径分布较广,一般从埃(Å)级到毫米级甚至更大直径的孔都存在。

众多国内外学者对混凝土中的孔隙尺寸按照不同标准进行了划分。根据苏联的研究,混凝土中的孔隙可以分为四类[40]:超微孔(半径 $r \leqslant 5nm$)、过渡微孔($5nm < r \leqslant 100nm$,也称微毛细孔)、大毛细孔($100nm < r < 1000 \sim$

10000nm)、非毛细孔（$r \geqslant 1000 \sim 10000$nm），大毛细孔和非毛细孔之间的孔隙可以称为过渡大孔（$r = 1000 \sim 10000$nm）。布特等[41]把混凝土中的孔分为四级，分别为凝胶孔（$r < 100$Å）、过渡孔（$r = 100 \sim 1000$Å）、毛细孔（$r = 1000 \sim 10000$Å）和大孔（$r > 10000$Å）。日本的近藤连一和大门正机[42]从更微观层次提出将水泥石中的孔分为：凝胶微晶内孔（$r < 12$Å）、凝胶微晶间孔（$r = 6 \sim 16$Å）、凝胶粒子间孔或称过渡孔（$r = 32 \sim 2000$Å）、毛细孔或大孔（$r > 2000$Å）。Yang 等[43]将孔径做了详细分类：微孔（$r < 0.01\mu$m）、中孔（$r = 0.01 \sim 0.05\mu$m）、大孔（$r = 0.05 \sim 10\mu$m）、凝胶孔（$r < 0.03\mu$m）、内部粒子孔（$r = 0.03 \sim 0.2\mu$m）、毛细孔（$r = 0.03 \sim 10\mu$m）、气孔（$r > 10\mu$m）。我国的吴中伟教授将混凝土的孔划分为[40]：无害孔（$r < 20$nm）、少害孔（$r = 20 \sim 50$nm）、有害孔（$r = 50 \sim 200$nm）、多害孔（$r > 200$nm）。除此之外，还有其他一些学者根据水泥基复合材料微观结构模型，以不同假设为基础，从不同侧面对孔隙结构模型进行探索，并建立了较为典型的孔结构模型[44-51]。

1.5.2　混凝土孔结构与强度的关系

混凝土孔隙结构对混凝土强度有直接影响。一般认为，混凝土孔隙率增大，受到外部作用时承载面积减小，容易产生应力集中现象，造成混凝土抗压强度降低。关于孔隙率与混凝土抗压强度的关系已有相关研究成果[52-54]。王庆石等[55]通过对 3℃、10℃及 20℃养护下的含气混凝土进行孔结构与强度关系的研究，结果表明：混凝土的抗压强度随含气量的增大而降低，随温度的升高而提高；养护温度在 3℃、10℃及 20℃条件下，混凝土的孔隙率每增加 1%，抗压强度将分别减少 13.6%、9.3%、4.95%。骆冰冰和毕巧巍[56]分析了混杂纤维自密实混凝土孔结构特征与强度的关系，研究结果表明：混杂纤维自密实混凝土的抗压强度随总孔体积、平均孔径的增大而降低，随比表面积的增大而升高。朱炯等[57]对加气混凝土砌块孔隙率与强度关系的试验进行了研究，采用 Wisehers 提出的孔隙率与强度的理论经验公式，结合 Ansys 软件拟合分析，认为该模型能够很好地描述混凝土孔隙率与强度的关系。

不少国外学者将孔隙结构与强度关系从定性分析转为定量分析，建立了相应的数学模型：法国学者 Feret[58]将混凝土强度与微观结构定量表示，Powers等[59,60]提出的胶空比理论，以及其他学者所提出的半经验公式[61-64]等。随着对混凝土微观结构理论的普及和相关研究的深入，发现孔隙率作为孔结构单一评价指标已不足以精确表示混凝土孔隙结构与强度的关系，混凝土内部孔隙大小、形状和分布也是决定混凝土强度的关键因素[65-67]。Jambor[68]结合孔径分布、孔形状及孔在空间的排列方式等因素与总孔体积的关系，建立了孔隙率与混凝土强度关系的数学模型。Tang[69]结合 Griffith 断裂力学理论和复合材料理论，从孔隙结构物理模型入手建立了多孔材料强度与孔径分布关系的数学模型。郭剑飞[70]通过建立混凝土孔结构与强度关系的物理模型，并根据 Griffith 断裂理论对其断裂过程进行力学分析，建立了数学模型，可定量分析不同孔径、孔级配对混凝土强度的影响。Mautusinovic 等[71]开展了不同水灰比混凝土的抗压强度和孔隙率关系试验，利用孔参数验证了已有的抗压强度模型，并提出了改进后模型。Pann 和 Tsong[72]综合考虑了水灰比、孔隙率、水化度对混凝土抗压强度的影响，认为水泥浆体中毛细孔隙率对抗压强度起主要影响，提出两者之间的关系模型。Jin 和 Zhang[73]通过测试不同龄期、不同矿物掺和料混凝土的孔结构，使用热力学分形模型计算出孔表面积分形维数，以孔表面积分形维数和毛细孔体积作为代表参数建立抗压强度模型。

1.5.3 混凝土孔结构与抗冻性能的关系

混凝土材料微观孔隙结构是其抗冻性能的重要影响因素。在冻融循环作用下，当冻结产生的水压力大于混凝土抗拉极限时，混凝土产生开裂，随着冻融次数的增加，混凝土孔隙结构由于裂纹的产生而劣化，这种劣化反过来又作用于混凝土，使抗冻性下降，因此研究混凝土孔隙结构在冻融循环过程中的变化规律，以及孔隙结构的变化与抗冻性的关系非常必要。在冻融环境下，混凝土因其不同的孔隙结构而表现出不同的抗冻性能。首先，孔径的大小会影响孔内介质结冰温度，孔径越小，孔内介质结冰温度越低。硬化浆体中孔径最小的凝胶孔内可蒸发水的冻结温度约为−78℃，自然条件下凝胶孔中的水不结冰，对混凝土抗冻性能影响较小；其次，平均气孔间距不同会造成孔间水的迁移所需的水压不同，气孔间距越大，所需水压越大，故在冻融环境下，平均气孔间距可作为混凝土抗冻性的一个重要指标[74]。Fagerlund[74]由理论推导出的水压力计算公式表明，混凝土毛细管中水结冰产生的静水压力与其气孔间距的平方成正比。美国混凝土学会认为，高抗冻性混凝土的平均气孔间距应小于250μm[75]。中国水利水电科学院等单位的大量试验结果表明[76]，硬化混凝土的平均气孔间距小于300μm 时，混凝土的抗冻等级可达 F300。张金喜等[77]对不同引气剂下的混凝土抗冻性和气孔特征参数进行了研究，发现对于中低强度混凝土，当气孔间距系数小于250μm 时，混凝土抗冻性好；当气孔间距系数大于350μm 时，混凝土抗冻性差。

另外，也有学者从平均孔径、最可几孔径、孔隙率、总孔体积、总孔面积、比表面积等混凝土孔结构参数角度出发研究其抗冻性能。温家宝[78]对混凝土进行了冻融循环试验，利用压汞仪测定冻融循环后混凝土孔隙结构的变化规律，对冻融循环后混凝土孔结构与抗冻性能的关系进行了深入分析，结果表明：随着冻融次数的增大，混凝土孔隙率、总孔体积、最可几孔径、临界孔径、平均孔径均增大，有害孔和多害孔占总孔的比例明显增加，混凝土无害孔占总孔的比例明显降低，少害孔占总孔的比例基本没变化。王庆石等[79]采用压汞仪测试了冻融前后不同含气量下混凝土的孔结构及抗冻性，结果表明：加入引气剂后，混凝土含气量增加，使混凝土孔结构参数发生变化，随着含气量的增加，孔隙率、总孔体积、总孔面积增大，平均孔径、孔间距系数减小，孔径均匀分布，引气剂显著改善了混凝土微观孔隙结构，增强了混凝土的抗冻性能。张士萍等[80]钻取了服役中的混凝土试件进行抗冻性试验，对冻融循环后试件采用压汞法测定冻融循环对微观孔结构的影响程度，分析发现：冻融循环作用使混凝土内部孔隙发生变化，大孔增多，微小孔减少，在宏观上表现为混凝土抗冻性能减弱。Ben 和 Jize[81]通过压汞试验和差示热扫描量热试验测试不同冻融次数后混凝土孔隙率及孔径分布，发现随着冻融次数增加，基体中有害孔所占比例增多，无害孔比例减少，且冻融循环 300 次后混凝土孔隙率为未冻融时的 104％。张萍[82]通过光学法测定冻融循环后混凝土孔隙的变化，研究了混凝土微观孔结构与抗冻性的关系，结果表明：含气量是影响抗冻性能的决定因素，气孔间距系数与混凝土抗盐冻破坏能力有较好的相关性。姚武[83]探讨了快速冻融条件下聚丙烯纤维混凝土抗冻耐久性，通过光学法观察冻融循环前后聚丙烯纤维混凝土的孔隙变化规律，发现掺入聚丙烯纤维能够增加混凝土含气量，使内部孔结构有害孔减少，无害孔、少害孔增多，因此聚丙烯纤维的加入能提高混凝土的抗冻性能。张辉[84]为了探究气孔结构参数对混凝土抗盐冻性能的影响，采用光学法的 RapidAir 475 型硬化混凝土气孔结构分析仪测定了冻融循环后混凝土的孔隙结构，结果表明：随着含气量增大，气孔间距系数相应减小，混凝土抗盐冻性能增强；混凝土剥蚀量随含气量增大、气孔间距系数减小而降低。

目前对于寒冷地区混凝土微观孔结构的研究多为冻融循环前后孔隙率的比较，未建立微观孔隙参数与宏观冻融损伤度之间的关系，对于冻融循环后强度与孔隙参数之间的关系研究较少。

1.6　数字图像相关技术及应用

1.6.1　数字图像相关方法的基本原理及优势

20 世纪 80 年代，日本的山口一郎[85]和美国 Peters[86]各自独立地提出了数字图像相关方法。数字图像相关（digital image correlation，DIC）方法，又被称为数字散斑相关（digital speckle correlation，DSC）方法，是一种基于计算机视觉原理、数字图像处理和数值计算的非接触、非干涉的全场变形光学计量方法，是当前实验力学领域最活跃、最受关注、应用最广泛的光测力学方法之一[87]。

DIC 方法的基本原理如图 1-1 所示：应用 DIC 方法时，通常要在待测物体表面制斑，然后使用一个（2D DIC）或者两个（3D DIC）数字相机对物体变形前后的表面形态进行数字图像拍摄，随后将所拍摄物体变形前的表面形态图像进行区域划分，形成图像子区，并确定每一个图像子区的中心点为搜索点。依据每一个图像子区内不同的图像特征（图像子区内散斑的不同或物体表面自有的图像特征），在变形后的物体表面形态图像（目标图像）中进行搜索，并进行相关匹配。相关匹配即以预定的计算机程序判断变形前的图像子区与目标图像中任意区域的相似程度，如果相似度超过设定的数值，则认定搜索到的区域为物体变形后图像子区的位置。接着在该区域通过算法确定目标点，认为目标点为搜索点变形后的位置。根据图中搜索点与目标点之间的位移，再经过标定换算，得到物体上该点的实际位移。最终依据插值函数确定图像子区中其他点的位移。

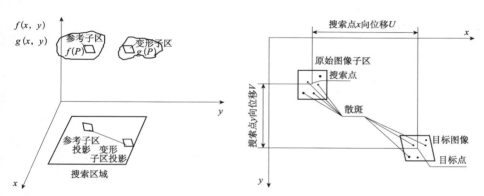

图 1-1　DIC 方法的基本原理图

与其他测量变形的方法相比，DIC 方法具有十分明显的优势。首先，它属于非接触测量，使试验设备和步骤简化，且实现测量过程自动化；其次，它的抗干扰能力强，对试件表面散斑处理、照明条件的要求较低，同时更适用于现场测量；再次，它进行的是二维或三维的全场变形测量，能获得更丰富的变形数据；最后，它的测量精度高，适用测量范围广泛，主要有平面至曲面，小变形至超大变形，宏观至微纳米尺度，室温常规环境至高低温、辐射环境，静态至高速动态。

1.6.2　数字图像相关方法的应用

由于 DIC 方法的优势，因此被广泛应用在航空航天工业、生物工程、微电子、机械工程、土木工程等领域[88-90]。美国卡罗来纳州大学的 Sutton 等[91-93]把 DIC 利用在对裂纹尖端位移和应变场的测量上，较好地完成了 DIC 在破坏力学上的应用，Sutton 教授及其团队进行的研究是 DIC 方法在理论与实践应用取得显著成果的开端，推动了 DIC 技术的发展，因此被公认为该领域的权威学者。Wu 等[94]利用 DIC 方法对柔软材料的力学性能进行了测试。Gonzalez 和Knauss[95]使用 DIC 研究了复合材料的裂缝扩展以及应变变化。McNeill 等[96]和 Han 等[97]分别利用 DIC 方法对裂缝尖端张开位移以及裂缝尖端应变场进行测量。Zink 等[98-100]使用 DIC 对木材的应变和泊松比进行了测量。高建新[101]使用 DIC 对大变形场等宏观力学问题进行了测量并得到了良好的结果，同时对高倍率的扫描电镜照片进行了初步测量试验，证实了利用相关方法解决细观变形场测量的可行性。孙伟等[102]利用 DIC 方法测试了薄膜材料的力学性能以及徐变特性，结果表明，该方法为薄膜材料的力学性能检测提供了新途径。

　　近年来有研究者将 DIC 方法应用于土木工程混凝土、岩石等力学性能及桥梁变形监测等研究领域里，取得了一些研究成果。马少鹏等[103]使用 DIC 对岩石和混凝土桩基界面变形进行测量，得到了全场应变。宋义敏等[104]等利用 DIC 方法对单轴压缩条件下岩石变形破坏进行试验研究，观测得到了岩石加载全过程的变形，分析了全过程变形场的演化特征。王静和李鸿琦[105]利用 DIC 对桥梁裂缝发展过程进行监控，使桥梁廉价的全天候监控成为可能。罗洪斌和赵文光[106]也在利用 DIC 进行桥梁监控方面做出了贡献。由于 DIC 能实时观测且能获得全场的位移和应变数据，目前在混凝土中主要用于变形和裂缝扩展等方面的研究。混凝土损伤破坏最主要的特征就是变形和裂缝的产生，利用实时的光测全场变形数据来分析混凝土损伤破坏过程得到了更多的重视。Srikar等[107]运用 DIC 方法测试了混凝土抗压破坏过程的实时应变，并得到了混凝土的应力应变关系，从而研究温度对混凝土抗压强度以及本构关系的影响。赵燕茹等[108]利用 DIC 方法测量钢纤维从混凝土基体拔出过程中界面的应变分布及变化规律，结果表明：微细观尺度上的应变局部化导致了纤维界面剪切破坏的局部化现象，这种界面脱黏破坏逐次发生、发展和转移的应变局部化现象在时间和空间上呈现明显的相互间隔特征。Yu 等[109]，Fayyad 和 Lees[110]使用 DIC方法测试了混凝土断裂破坏过程中的裂缝开口位移，其与位移计测量的结果基本一致。Wu 等[111]通过 DIC 设备测试了混凝土断裂过程区的长度，并得出断裂过程区长度随裂缝的扩展逐渐伸长，当裂缝完全开裂时断裂过程区又有所缩短。Hamrat 等[112]利用 DIC 技术，观测了不同纤维掺量和配筋率的钢筋混凝土梁弯曲破坏过程的裂缝扩展形态，并测量了裂缝宽度随荷载的变化规律，结果表明，适量钢纤维的掺入和配筋率的增大都能有效降低裂缝间距和裂缝宽度并且能改善混凝土构件延性。

作为一种非接触式全场测量，DIC方法在研究材料的疲劳性能方面也有广泛的应用。郝文峰等[113]利用疲劳试验机搭建了纤维-基体界面疲劳力学性能DIC方法非接触光学测试平台，分析了纤维束对基体疲劳性能的影响，结果表明：DIC方法能够观测材料在疲劳荷载作用下的纤维-基体界面力学信息，为纤维-基体界面的力学性能测试提供了一种新的方法；同时，通过DIC方法计算所得疲劳荷载作用后的全场信息能够直观地反映材料在疲劳荷载作用下的力学行为。高红俐等[114,115]在谐振式疲劳裂纹扩展试验中，利用DIC方法研究了紧凑拉伸试件在高频正弦交变荷载作用下裂纹稳态扩展阶段的裂纹尖端区域位移、应变场变化规律，结果表明：通过DIC进行应变测量，最大误差为4.12%，验证了DIC方法的可行性。徐振斌等[116]利用DIC方法测试了疲劳荷载作用下混凝土表面的位移、应变场分布，并着重分析了混凝土在裂缝出现前后的位移、应变变化规律，结果表明：DIC方法能够有效地测量混凝土在疲劳荷载作用下的位移和应变。李佳和张肖宁[117]通过DIC方法对沥青混凝土试件表面与侧面在疲劳过程中的位移、应变场进行计算，直观、定量地得到试件全场位移变化的规律，为沥青混合料疲劳断裂破坏的观测与判断开辟了新的途径。

参 考 文 献

[1] 工业和信息化部. 重点新材料首批次应用示范指导目录（2019年版）[EB/OL]. http://www.gov.cn/xinwen/2019-12/03/content_5457929.htm，2019-11-25.
[2] 曹海琳，晏义伍，岳利培，等. 玄武岩纤维 [M]. 北京：国防工业出版社，2017.
[3] Pehlivanlı Z O, Uzun I, Demir I. Mechanical and microstructural features of autoclaved aerated concrete reinforced with autoclaved polypropylene, carbon, basalt and glass fiber [J]. Construction and Building Materials, 2015, 96: 428-433.
[4] 胡显奇，申屠年. 连续玄武岩纤维在军工及民用领域的应用 [J]. 高科技纤维及应用，2005, 30 (6): 7-13.
[5] 谢盖尔. 玄武岩纤维的特性及其在中国的应用前景 [J]. 玻璃纤维，2005 (5): 44-48.
[6] 廉杰，杨勇新. 短切玄武岩纤维增强混凝土力学性能的试验研究 [J]. 工业建筑，2007, 37 (6): 8-10.
[7] 彭苗，黄浩雄. 玄武岩纤维混凝土力学性能的研究 [J]. 厦门理工学院学报，2012, 20 (1): 83-86.
[8] Tumadhir M B. Properties of glass concrete reinforced with short basalt fiber [J]. Material Sand Design, 2012, 42 (12): 265-271.
[9] 吴钊贤，袁海庆，卢哲安，等. 玄武岩纤维混凝土力学性能试验研究 [J]. 混凝土，2009, 30 (9): 67-68.
[10] 李忠良. 玄武岩纤维增强机场道面混凝土的力学性能研究 [D]. 沈阳：沈阳工业大学，

2014.

[11] 尹玉龙. 玄武岩纤维混凝土的力学性能和耐久性能研究 [D]. 重庆：重庆交通大学，2015.

[12] 吴钊贤. 玄武岩纤维混凝土基本力学性能与应用研究 [D]. 武汉：武汉理工大学，2009.

[13] 王钧，马跃，张野，等. 短切玄武岩纤维混凝土力学性能试验与分析 [J]. 工程力学，2014，31（s）：99-114.

[14] 张兰芳，尹玉龙，刘晶伟，等. 玄武岩纤维增强混凝土力学性能研究 [J]. 硅酸盐通报，2014，33（11）：2834-2837.

[15] 李为民，许金余. 玄武岩纤维对混凝土的增强和增韧效应 [J]. 硅酸盐学报，2008，36（4）：476-486.

[16] 孟雪桦，金祖权，蔡迎春. 玄武岩纤维增强混凝土断裂能研究 [J]. 混凝土与水泥制品，2012，8（1）：33-35.

[17] 潘慧敏. 玄武岩纤维混凝土力学性能的试验研究 [J]. 硅酸盐通报，2009，28（5）：955-958.

[18] 熊智文. 玄武岩纤维增强混凝土动、静态力学性能研究 [D]. 南昌：华东交通大学，2010.

[19] 朱华军. 玄武岩纤维混凝土耐久性能试验研究 [D]. 武汉：武汉理工大学，2009.

[20] 谢永亮，战仕利，王瑞，等. 玄武岩纤维对机场道面混凝土抗冻性能影响研究 [J]. 混凝土与水泥制品，2012，200（12）：48-50.

[21] 刘子心. 玄武岩纤维增强混凝土抗冻融性能试验研究 [D]. 沈阳：沈阳工业大学，2014.

[22] 齐桂华. 玄武岩纤维增强混凝土的抗冻性试验研究 [D]. 长春：吉林大学，2016.

[23] Jin S J, Li Z L, Zhang J, et al. Experimental study on the performance of the basalt fiber concrete resistance to freezing and thawing [J]. Applied Mechanics and Materials, 2014, 584: 1304-1308.

[24] Fan X C, Wu D, Chen H. Experimental research on the freeze-thaw resistance of basalt fiber reinforced concrete [J]. Advanced Materials Research, 2014, 919: 1912-1915.

[25] 金生吉，李忠良，张健，等. 玄武岩纤维混凝土腐蚀条件下抗冻融性能试验研究 [J]. 工程力学，2015，32（5）：178-183.

[26] 王利强. 玄武岩纤维混凝土的抗冻性能试验研究 [D]. 呼和浩特：内蒙古工业大学，2014.

[27] RILEM TC117-FDC/95. Test method for the freeze-thaw resistance of concrete with water (CF) or with sodium chloride solution (CDF) [S]. 1995.

[28] 李中华. 寒冷地区道路混凝土抗盐冻剥蚀性能研究 [D]. 哈尔滨：哈尔滨工业大学，2009.

[29] 李中田，冯林，高峰，等. CDF 法检测混凝土抗冻性能试验方法研究 [J]. 东北水利水电，2012，30（11）：47-49，72.

［30］张国强．混凝土抗盐冻研究［D］．北京：清华大学，2005.

［31］杨全兵．盐及融雪剂种类对混凝土剥蚀破坏影响的研究［J］．建筑材料学报，2006，4：464-467.

［32］张国杰，董树国，余志鹏，等．从显微结构分析混凝土气孔与抗盐冻的关系［J］．电子显微学报，2015，34（6）：498-502.

［33］王晓伟，王晓婷，刘品旭，等．PVA 纤维水泥基复合材料单面盐冻性能及损伤［J］．土木工程与管理学报，2017，34（2）：68-72.

［34］唐广界，彭艳周，赵娟，等．钢纤维和膨胀剂对混凝土抗碳化和抗盐冻性能的影响［J］．三峡大学学报（自然科学版），2016，38（6）：59-63.

［35］刘文博，袁捷，杨全兵．除冰液对机场道面混凝土的破坏机理研究［J］．华东交通大学学报，2016，33（5）：1-6.

［36］陈继超，李玉香，郑召，等．甲酸钠除冰剂对机场跑道混凝土抗冻性的影响［J］．混凝土与水泥制品，2014，8：10-14.

［37］陈继超，李玉香，朱晓燕，等．除冰剂对机场跑道混凝土抗冻性能影响［J］．混凝土，2015，2：150-154.

［38］郭子麟．混凝土孔结构及其对混凝土宏观性能的影响［C］．建筑科技与管理学术交流会论文集，2016.

［39］金伟良，赵羽习．混凝土结构耐久性［M］．北京：科学出版社，2014.

［40］陈立军．混凝土孔径尺寸对其使用寿命的影响［J］．武汉理工大学学报，2007，6：50-53.

［41］张明，张鹏，张海宾．混凝土材料的孔结构［J］．科技信息，2007，36：139-140.

［42］鲍俊玲，李悦，谢冰，等．水泥混凝土孔结构研究进展［J］．商品混凝土，2009，10：18-20.

［43］Yang C C, Cho S W, Wang L C. The relationship between pore structureand chloride diffusivity from ponding test in cement-based materials［J］. Materials Chemistry and Physics，2006，100（2-3）：203-221.

［44］Powers T C, Brownyard T L. Studies of the physical properties of hardened portland cement paste［J］. Journal of the American Concrete Institute，1947，18（7）：845-880.

［45］Brunauer S. Tobermorite gel：The heart of concrete［J］. American Scientist，1962，50（1）：210-229.

［46］Feldman R F, Sereda P J. A new model for hydrated Portland cement and its practical implications［J］. Engineering Journal of Canada，1970，53（8-9）：53-59.

［47］Sereda P J, Feldman R F, Ramachandran V S. Structure formation and development in hardened cement paste［C］. Proceeding of 7th International Congress on the Chemistry of Cement，1980，I（VI-1）：1-44.

［48］Wittmann F H. Interaction of hardened cement paste and water［J］. Journal of the American Ceramic Society，1973，56（8）：409-415.

［49］Wittmann F H. Grundlagen Eines Modeus Zur Beschreibung Charakteristischer Eigenschaftendes Betons [M]. Berlin：Deutscher Ausschuss fur Stahlbeton，1977.

[50] 赵铁军. 混凝土抗渗性 [M]. 北京：科学出版社，2006.

[51] Kearsley E P，Wainwright P J. The effect of porosity on the strength of foamed concrete [J]. Cement and Concrete Research，2002，32（2）：233-239.

[52] Kumar R，Bhattacharjee B. Porosity，pore size distributionand in situ strength of concrete [J]. Cement and Concrete Research，2003，33（1）：155-164.

[53] Marfisi E，Burgoyne C J，Aminf M H G，et al. The use of MRI to observe the structure of concrete [J]. Magazine of Concrete Research，2005，57（2）：101-109.

[54] Lian C，Zhuge Y，Beecham S. The relationship between porosity and strength for porous concrete [J]. Construction and Building Materials，2011，25（9）：4294-4298.

[55] 王庆石，张凯，王起才，等. 低温养护下引气混凝土的孔结构对力学性能及耐久性能影响研究 [J]. 硅酸盐通报，2015，34（8）：2095-2099.

[56] 骆冰冰，毕巧巍. 混杂纤维自密实混凝土孔结构对抗压强度影响的试验研究 [J]. 硅酸盐通报，2012，31（3）：626-630.

[57] 朱炯，张志军，吕芳礼，等. 加气混凝土砌块孔隙率与强度关系的试验研究 [J]. 混凝土，2014，（12）：132，133.

[58] Feret R. Discussion of "The laws of proportioning concrete" [J]. Transactions of the American Society of Civil Engineers，1996，LVⅡ（2）：144-168.

[59] Powers T C，Brownyard T L. Studies of the physical properties of hardened Portland cement paste [J]. Journal of the American Concrete Institute，1947，18（7）：845-880.

[60] Powers T C. Physical properties of cement paste [C]. Proceeding of the Fourth International Symposium on the Chemistry of Cement，1960：577-613.

[61] Balshin M Y. Relation of mechanical properties of powder metals and their porosity and the ultimate properties of porous metal ceramic materials [J]. Doklady Akademii Nauk USSR，1949，67（5）：831-834.

[62] Ryshkewitch E. Compression strength of porous sintered alumina and zirconia [J]. Journal of the American Ceramic Society，1953，36（2）：65-68.

[63] Schiller K K. Porosity and Strength of Brittle Solids-Mechanical Properties of Non-metallic Brittle Materials [M]. London：Butterworths，1958：35-39.

[64] Hasselman D P H. Relation between effects of porosity on strength and on Young's modulus of elasticity of polycrystalline materials [J]. Journal of the American Ceramic Society，1963，46（11）：564-565.

[65] Shi C. Strength，pore structure and permeability of alkali-activated slag mortars [J]. Cement and Concrete Research，1996. 26（10）：1789-1799.

[66] Farrell M，Wild S，Sabir B B. Pore size distribution and compressive strength of waste clay brick mortar [J]. Cement and Concrete Research，2001，23（1）：81-91.

[67] Wen C E，Yamada Y，Shimojima K，et al. Compressibility of porous magnesium foam：dependency on porosity and pore size [J]. Materials Letters，2004，58（3-4）：357-

360.

[68] Jambor J. Pore structure and strength development of cement composites [J]. Cement and Concrete Research, 1990, 20 (6): 948-954.

[69] Tang L P. A study of the quantitative relationship between strength and pore-size distribution of porous materials [J]. Cement and Concrete Research, 1986, 16 (1): 87-96.

[70] 郭剑飞. 混凝土孔结构与强度关系理论研究 [D]. 杭州：浙江大学, 2004.

[71] Mautusinovic T, Sipusic J, Vrbos N. Porosity-strength relation incalcium aluminate cement paste [J]. Cement and Concrete Research, 2003, 33: 1801-1806.

[72] Pann K S, Tsong Y. New strength model based on water-cemetn ration and capillary porosity [J]. ACI Materials Journal, 2003, 100 (4): 311-318.

[73] Jin S S, Zhang J X. Fractal analysis of relation between strength and pore structure of hardened mortar [J]. Construction and Building Materials, 2017, 1 35: 1-7.

[74] Fagerlund G. Frost resistance of concrete [C]. London: RILEM Proceedings, 1997.

[75] Powers T C. Void spacing as a basis for producing air-entrained concrete [J]. Journal of the American Concrete Institute, 1954, 50 (5): 741-759.

[76] 王庆石, 王起才, 张凯, 等. 3℃下含气量对混凝土强度、孔结构及抗冻性的影响 [J]. 硅酸盐通报, 2015, 34 (3): 615-620.

[77] 张金喜, 郭明洋, 杨荣俊, 等. 引气剂对硬化混凝土结构和性能的影响 [J]. 武汉理工大学学报, 2008, 30 (5): 38-41.

[78] 温家宝. 基于孔结构分析的混凝土冻融损伤研究 [D]. 哈尔滨：哈尔滨工程大学, 2013.

[79] 王庆石, 王起才, 张凯, 等. 不同含气量混凝土的孔结构及抗冻性分析 [J]. 硅酸盐通报, 2015, 34 (1): 30-35.

[80] 张士萍, 邓敏, 吴建华, 等. 孔结构对混凝土抗冻性的影响 [J]. 武汉理工大学学报, 2008, 30 (6): 56-59.

[81] Ben L, Jize M. Mesoscopic damage model of concrete subjected to freeze-thaw cycles using mercury intrusion porosimetry and differential scanning calorimetry [J]. Construction and Building Materials, 2017, 147: 79-90.

[82] 张萍. 孔结构对水泥基材料抗盐冻性能影响规律的研究 [D]. 南京：东南大学, 2015.

[83] 姚武. 纤维混凝土的低温性能和冻融损伤机理研究 [J]. 冰川冻土, 2005, 27 (4): 545-549.

[84] 张辉. 水泥混凝土路面抗盐冻性能研究 [D]. 南京：南京航空航天大学, 2009.

[85] Yamaguchi I. A laser-speckle strain guage [J]. Journal of Physics E: Scientific Instrument, 1981, 14: 1270-1273.

[86] Peters W H, Ranson W F. Digital imaging techniques in experimental stress analysis [J]. Optical Engineering, 1981, 21: 427-431.

[87] Tekieli M, de Santis S, de Felice G, et al. Application of digital image correlation to composite reinforcements testing [J]. Composite Structures, 2017, 160 (10): 670-

688.

[88] Xie H M，Kang Y L. Digital image correlation technique [J]. Optics and Lasers in Engineering，2015，65：1-2.

[89] Wu D J，Mao W G，Zhou Y C，et al. Digital image correlation approach to cracking and decohesion in a brittle coating/ductile substrate system [J]. Applied Surface Science，2011，257（14）：6040-6043.

[90] Bernachy-Barbe F，Gélébart L，Bornert M，et al. Characterization of SiC/SiC composites damage mechanisms using Digital Image Correlation at the tow scale [J]. Composites Part A：Applied Science and Manufacturing，2015，68：101-109.

[91] Sutton M A，Bruch H A. Experimental investigations of three-dimensional effects near a crack-tip using computer vision [J]. International Journal of Fracture，1991，53：201-228.

[92] Han G，Sutton M A，Chao Y J. A study of stable crack growth in thin SEC specimens of 304 stainless steel [J]. Engineering Fracture Mechanics，1995，52：525-555.

[93] Peters W H，Zhenghui H E，Sutton M A. Two-dimensionai fluid velocity measurements by use of digital speckle correlation techniques [J]. Experimental Mechanics，1984，24（2）：117-121.

[94] Wu W，Peters W H，Hammer M. Basic mechanical properties of retina in simple elongation [J]. Journal of Biomechanical Engineering，1987，109（2）：65-67.

[95] Gonzalez J，Knauss W G. Strain inhomogeneity and discontinuous crack growth in a particulate composite [J]. Journal of the Mechanics and Physics of Solids. 1998，46（10）：1981-1996.

[96] McNeill S R，Sutton M A，Miao Z，et al. Measurement of surface profile using digital image correlation [J]. Experimental Mechanics，1997，37（1）：13-20.

[97] Han G，Sutton M A，Chao Y J. A study of stationary crack-tip deformation fields in thin sheets by computer vision [J]. Experimental Mechanics：1994，34（2）：125-140.

[98] Zink A G，Davidson R W，Hamna R B. Strain measurement in wood using a digital image correlation technique [J]. Wood Fiber Science，1995，27（4）：346-356.

[99] Zink A G，Davidson R W，Hamna R B. Experimental measurement of the strain distribution in double overlap wood adhesive joints [J]. Journal of Adhesion，1996，56：27-43.

[100] Zink A G，Hamna R B，Stelmokas J W. Measurement of poisson's ratios for yellow-poplar [J]. Forest Products Journal，1997，47（3）：78-80.

[101] 高建新. 数字散斑相关方法及其在力学测量中的应用 [D]. 北京：清华大学，1989.

[102] 孙伟，何小元，胥明，等. 数字图像相关方法在膜材拉伸试验中的应用 [J]. 工程力学，2007，24（02）：34-38.

[103] 马少鹏，金观昌，潘一山. 白光 DSCM 方法用于岩石变形观测的研究 [J]. 实验力学，2002，17（1）：10-16.

［104］宋义敏，马少鹏，杨小彬，等．岩石变形破坏的数字散斑相关方法研究［J］．岩石力学与工程学报，2011，30（1）：170-175.

［105］王静，李鸿琦．数字图像相关方法在桥梁裂缝变形监测中的应用［J］．力学季刊，2003，24（4）：512-51.

［106］罗洪斌，赵文光．CCD图像检测系统应用于桥梁结构检测［J］．华中科技大学学报（城市科学版），2006，23：91-93.

［107］Srikar G，Anand G，Prakash S S. A study on residual compression behavior of structural fiber reinforced concrete exposed to moderate temperature using digital image correlation［J］. International Journal of Concrete Structures and Materials，2016，1：75-85.

［108］赵燕茹，邢永明，黄建永，等．数字图像相关方法在纤维混凝土拉拔试验中的应用［J］．工程力学，2010，27（6）：169-175.

［109］Yu K Q，Yu J T，Lu Z D，et al. Determination of the softening curve and fracture toughness of high-strength concrete exposed to high temperature［J］. Engineering Fracture Mechanics，2015，149：156-169.

［110］Fayyad T M，Lees J M. Application of digital image correlation to reinforced concrete fracture［J］. Procedia Materials Science，2014，3：1585-1590.

［111］Wu Z M，Rong H，Zheng J J，et al. An experimental investigation on the FPZ properties in concrete using digital image correlation technique［J］. Engineering Fracture Mechanics，2011，78（17）：2978-2990.

［112］Hamrat M，Boulekbache B，Chemrouk M，et al. Flexural cracking behavior of normal strength，high strength and high strength fiber concrete beams，using Digital Image Correlation technique［J］. Construction and Building Materials，2016，106：678-692.

［113］郝文峰，原亚南，姚学锋，等．基于数字图像相关方法的纤维-基体界面疲劳力学性能实验研究［J］．塑料工业，2015，43（3）：123-126.

［114］高红俐，刘欢，齐子诚，等．基于DIC谐振载荷作用下疲劳裂纹尖端位移应变场测量［J］．兵器材料科学与工程，2016，39（1）：16-22.

［115］高红俐，刘欢，齐子诚，等．基于高速数字图像相关法的疲劳裂纹尖端位移应变场变化规律研究［J］．兵工学报，2015，36（9）：1772-1781.

［116］徐振斌，孙伟，何小元．数字图像相关法研究疲劳荷载下混凝土的性能［J］．山西建筑，2006，32（22）：10-11.

［117］李佳，张肖宁．基于数字图像技术的沥青混凝土疲劳断裂破坏判断方法［J］．中外公路，2013，33（3）：219-223.

第 2 章   玄武岩纤维混凝土抗冻性能研究

2.1   试验概况

2.1.1   试验原材料

水泥：唐山冀东水泥股份有限公司生产的 P.O42.5 普通硅酸盐水泥，其性能指标见表 2-1，化学成分见表 2-2。

表 2-1   水泥物理性能指标

比表面积/	安定性		初凝时间/	标准稠度	抗折强度/MPa		抗压强度/MPa	
(m²/kg)	雷氏法/mm	饼法	终凝时间	用水量/%	3d	28d	3d	28d
350	—	合格	1.95/2.98	26.97	4.10	7.28	24.93	49.45

表 2-2   水泥化学成分

成分	SiO_2	Al_2O_3	CaO	MgO	Fe_2O_3	SO_3	烧失量
含量/%	23.44	7.19	55.01	2.24	2.96	2.87	2.86

细骨料：采用公称粒径小于 5mm 的天然水洗河砂，密度为 2650kg/m³，由筛分试验得出的颗粒级配和细度模数见表 2-3。

表 2-3   砂的颗粒级配和细度模数

方孔筛筛孔边长/mm	分计筛余		累计筛余百分率/%
	分计筛余量/g	分计筛余百分率/%	
4.75	38.7	7.74	7.74
2.35	57.2	11.44	18.88
1.18	57.1	11.42	30.6
0.50	76.9	15.38	45.98
0.30	158.2	31.64	77.62
0.15	71.7	14.22	91.84
细度模数		2.45（属中砂）	

粗骨料：选用粒径为 5～20mm 的碎石，连续级配，密度为 2800kg/m³。

玄武岩纤维：其物理、力学性能见表 2-4，表观特征见图 2-1。

表 2-4 玄武岩纤维物理、力学性能

密度/ (g/cm³)	单纤直径/ μm	长度/ mm	抗拉强度/ MPa	弹性模量/ GPa	断裂伸长率/ %
2.75	12	12	4256	105	3.1

图 2-1 玄武岩纤维

2.1.2 试验配合比及成型方法

试验配置的玄武岩纤维混凝土强度等级为 C40，试验选用 4 种玄武岩纤维体积掺量：0%、0.1%、0.2%、0.3%，编号分别为 0、1、2、3，根据《普通混凝土配合比设计规程》(JGJ 55—2011)[1]计算配合比，如表 2-5 所示。

表 2-5 玄武岩纤维混凝土配合比及坍落度

编号	纤维体积 掺量/%	水泥/ (kg/m³)	粗骨料/ (kg/m³)	砂子/ (kg/m³)	水/ (kg/m³)	水灰比 W/C	坍落度/ mm
0	0.0	489	1160.25	591.85	220	0.45	42
1	0.1	489	1160.25	591.85	220	0.45	39
2	0.2	489	1160.25	591.85	220	0.45	32
3	0.3	489	1160.25	591.85	220	0.45	26

试件成型采用 HJS-60 型双卧轴混凝土搅拌机进行机械拌合，采用先干拌后再湿拌的制作方法[2]，具体过程如下。

（1）清理搅拌机内壁残留的拌合物，待残留物清理干净后，加水润湿搅拌机，使其内壁湿润但不能存有积水。

（2）按配合比要求，将称量好的细骨料和粗骨料放入搅拌机中，然后加入玄武岩纤维进行干拌 5min 左右。

（3）待玄武岩纤维均匀分布在集料中，加入水泥、再干拌 3min 使材料各组分混合均匀。

（4）为了使拌合物搅拌更加均匀，拌合用水分两次加入搅拌机内，每次搅拌 6min 左右。

（5）将搅拌好的混凝土装入试模中，然后放在振动台上振动，振动过程中用金属棒不断插捣拌合物，使其内部的气孔尽可能排出，以便基体获得最大密实度，振动完成后，将试模放在阴凉干燥处。

（6）待玄武岩纤维混凝土试件放置 24h 后进行拆模，拆模完成后进行标准养护 28d。

2.1.3 试验方法

1. 快速冻融循环试验方法

1）试验步骤

参照规范《普通混凝土长期性能及耐久性试验方法标准》（GB/T 50082—2009)[3]，以 100mm×100mm×400mm 的棱柱体进行快速冻融试验，采用水为冻融介质。冻融设备为 TDR-3 型全自动混凝土快速冻融试验机，如图 2-2 所示。采用 NDT 共振频率测定仪测量不同试验组玄武岩纤维混凝土试件的动弹性模量，如图 2-3 所示。采用感量为 0.1g 的电子天平测量混凝土试件冻融前后的质量变化。快速冻融试验具体步骤如下。

图 2-2 混凝土快速冻融试验机

（1）试件在标准养护室养护 24d 时取出，然后将试件放置在冻融介质中浸泡 4d，液面应高出试件 20～30mm。

（2）浸泡完成后，用湿布将试件表面擦拭干净，进行外观形貌、尺寸检

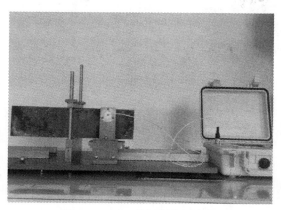

图 2-3　NDT 共振频率测定仪

查，然后测定试件的初始动弹性模量 E_{0i} 及称量试件的初始质量 W_{0i}；然后开始冻融试验。

（3）将放有试件的试件盒放入冻融机中，保持试件处于试件盒的中心位置，然后将冻融介质加入试件盒内，在整个冻融循环过程中，保持液面至少高出试件顶面 5mm。

（4）测量温度的中心试件放置在冻融机的中间方格位置。

（5）试件每次冻融循环不得超过 4h，同时不应少于 2h，且融化所用时间不得低于单次循环的 1/4。

（6）循环过程中，试件的中心低温、中心高温分别满足高于－20℃和低于7℃，且试件中心温度误差控制在 2℃以内。

（7）每块试件从 3℃降至－16℃或从－16℃升至 3℃所用时间，不应少于整个冷冻或融化时间的 1/2。

（8）每完成 25 次冻融循环，测试试件的动弹模量及质量损失，并且更换试件盒内的冻融介质，并将试件调头后重新放入试件盒进行冻融循环。

2）快速冻融抗冻性评价指标

以试件的质量损失率和相对动弹模量作为评价玄武岩纤维混凝土抗冻性指标，质量损失表征混凝土表面的剥蚀程度，动弹模量表征混凝土内部微裂纹的开展程度，二者在一定程度上可以反映混凝土的冻融损伤破坏。

（1）质量损失率。

单个试件的质量损失率按公式（2-1）计算：

$$\Delta W_{ni} = \frac{W_{0i} - W_{ni}}{W_{0i}} \times 100 \tag{2-1}$$

式中，ΔW_{ni} 为 n 次冻融循环后第 i 个混凝土试件的质量损失率（％），精确至

0.01；W_{ni}为 n 次冻融循环后第 i 个混凝土试件的质量（g）；W_{0i}为冻融循环试验前第 i 个混凝土试件的质量（g）。

一组试件的平均质量损失率按公式（2-2）计算：

$$\Delta W_n = \frac{\sum\limits_{i=1}^{3} \Delta W_{ni}}{3} \times 100 \tag{2-2}$$

式中，ΔW_n 为 n 次冻融循环后一组混凝土试件的平均质量损失率（%），精确至 0.1。

每组试件的平均质量损失率为三个试件的质量损失率试验结果的算术平均值。当某个试验结果出现负值时，应取 0，再取三个试件的平均值。当三个值中的最大值或最小值与中间值之差超过中间值的 1% 时，应剔除此值，再取其余两值的算术平均值作为测定值；当最大值和最小值与中间值之差均超过中间值的 1% 时，应取中间值作为测定值[3]。

（2）相对动弹性模量。

单个试件的相对动弹性模量按公式（2-3）计算：

$$E_i = \frac{E_{ni}^2}{E_{0i}^2} \times 100 \tag{2-3}$$

式中，E_i 为 n 次冻融循环后第 i 个混凝土试件的相对动弹性模量（%），精确至 0.1；E_{ni} 为 n 次冻融循环后第 i 个混凝土试件的横向基频（Hz）；E_{0i} 为冻融循环试验前第 i 个混凝土试件的横向基频初始值（Hz）。

一组试件的平均相对动弹性模量按公式（2-4）计算：

$$E = \frac{1}{3} \sum_{i=1}^{3} E_i \tag{2-4}$$

式中，E 为 n 次冻融循环后一组混凝土试件的相对动弹性模量（%），精确至 0.1。

每组试件的相对动弹性模量为三个试件的相对动弹性模量试验结果的算术平均值。当三个值中的最大值或最小值与中间值之差超过中间值的 15% 时，应剔除此值，再取其余两值的算术平均值作为测定值；当最大值和最小值与中间值之差均超过中间值的 15% 时，应取中间值作为测定值[3]。

3）快速冻融试验停止条件

玄武岩纤维混凝土抗冻试验预设冻融循环次数 100 次，试验过程中出现下列情况之一时，停止试验[3]：

（1）冻融循环次数达到 100 次；

（2）质量损失率达到 5%；

（3）相对动弹模量下降到 60%。

2. 单面冻融循环试验方法

1）试件制作

单面冻融试验参照《普通混凝土长期性能和耐久性能试验方法》（GB/T 50082—2009）[3]中的单面冻融法，采用 150mm×150mm×150mm 的立方体试模，并附加尺寸为 150mm×150mm×2mm 的聚四氟乙烯片，每个试模选取一个对立面，并与聚四氟乙烯片（不涂抹任何脱模剂）紧密结合，加入混凝土振捣。试件成型后，先在空气中带模养护（24±2）h，再将试件脱模放入（20±2）℃的水中养护至 7d 龄期，然后对试件进行切割，首先将试件成型面切掉 40mm 浮层，然后从中间将混凝土切开，试件切割位置如图 2-4 所示。此时，尺寸为 150mm×110mm×70mm 的试件为单面冻融试验测试试件，试块的切割尺寸偏差控制在 2mm 内，与聚四氟乙烯片接触的混凝土试件侧面为测试面，为满足每组测试面积不少于 0.08m² 的要求，每组试件的数量定为 5 块，测试总面积为 0.0825m²。切割完毕后，将试件放入养护室养护至规定龄期。

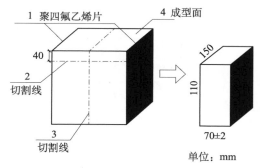

图 2-4　单面冻融试件切割位置示意图

2）试验步骤

试验所采用混凝土单边冻融试验机如图 2-5 所示，试验步骤如下。

图 2-5　混凝土单边冻融试验机

（1）将切割后的试件放在温度为（20±2）℃、相对湿度为（65±5）％的养护室中养护至28d龄期。养护时试件侧立并间隔50mm放置。

（2）试件养护至28d龄期前2～4d，除测试面和与之相平行的面外，其他侧面均采用环氧树脂材料进行密封，密封前对试件侧面进行清洁处理，密封过程中，试件保持清洁和干燥。密封后的试块如图2-6所示。

图2-6　密封试块颜色对比图

（3）密封好的试件放置在试件盒中，使测试面向下接触非金属三角垫条，试件与试件盒侧壁之间保持一定的空隙。向试件盒中加入试验液体并保持试件顶面干燥，所加试验液体的液面高于测试面（10±1）mm。加入试验液体后，盖上试件盒的盖子，并记录加入试验液体的时间，试件进入预吸水状态，如图2-7所示。

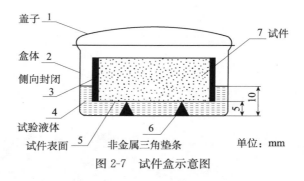

图2-7　试件盒示意图

（4）试件预吸水时间持续7d，温度保持为（20±2）℃。预吸水期间定期检查试验液体高度，使其液面高度符合试验要求。

（5）试件预吸水结束之后，采用超声波测试仪测试试件的超声传播时间初始值t_0，精确至0.1μs。在每个试件测试开始前，对超声波测试仪器进行校止。

（6）超声传播时间初始值测试完成后，采用超声浴方法将试件表面的疏松颗粒和物质清除，清除之物应作为废弃物处理，然后将试件放回试件盒中。

（7）去掉试件盒的盖子开始冻融循环，每隔 8 次冻融循环对试件的剥落物质量、超声波相对传播时间进行一次测量。

试件的剥落物质量和超声波相对传播时间的测量步骤如下。

（1）冻融循环每隔 8 次将试件盒从单面冻融试验箱中取出，并放置到超声浴槽中，试件的测试面朝下，并对浸泡在试验液体中的试件进行超声浴 3min。

（2）迅速将试件从试件盒中取出，并以测试面向下的方向将试件放置在不锈钢盘上，然后将试件连同不锈钢盘一起放入超声传播时间测量装置中，如图 2-8 所示。超声传感器的探头中心与试件测试面之间的距离应为 35mm。向超声传播时间测量装置中加入试验溶液作为耦合剂，且液面高于超声传感器探头 10mm，但不超过试件上表面。每个试件的超声传播时间通过距离测试面 35mm 的两条相互垂直的传播轴得到，所测超声传播时间精确至 0.1μs。

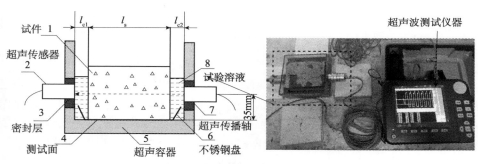

图 2-8　超声传播时间测量装置

（3）测量完试件的超声传播时间后，重新将试件放入另一个试件盒中，并进行下一次冻融循环。

（4）将试件重新放入试件盒后，及时将超声波测试过程中掉落到不锈钢盘中的剥落物收集到试件盒中，并用滤纸过滤留在试件盒中的剥落物。过滤前应先称量滤纸的质量 μ_f，然后将过滤后含有全部剥落物的滤纸置在 (110 ± 5)℃ 的烘箱中烘干 24h，并在温度为 (20 ± 2)℃、相对湿度为 (65 ± 5)% 的实验室中冷却 (60 ± 5)min。冷却称量烘干后滤纸和剥落物的总质量为 μ_b，精确至 0.01g。

3）单面冻融循环制度

单面冻融箱内的温度传感器在 0℃ 时的测量精度不低于 ±0.05℃，在冷冻液中测温的时间间隔为 (6.3 ± 0.8)s。单面冻融试验箱内温度控制精度为 ±0.5℃，满载运转时，单面冻融试验箱内各点之间的最大温差不超过 1℃，且单面冻融试验箱连续工作时间不少于 28d。每一次冻融循环时间为 12h，冻融循环的温度从 20℃ 开始，并以 (10 ± 1)℃/h 的速度均匀地降至 (-20 ± 1)℃，维持 3h，然后从－20℃开始，并以（10±1）℃/h 的速度均匀地升至（20±1）℃，且维持 1h。冻融循环制度示意图如图 2-9 所示。

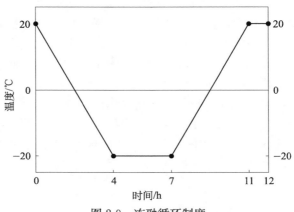

图 2-9　冻融循环制度

4）单面冻融抗冻性评价指标

单面冻融试验中混凝土试件相对动弹性模量值以及质量损失的变化在一定程度上反映了其损伤破坏特征，相对动弹性模量的变化可以表征混凝土内部损伤的程度，质量损失可以表征混凝土表面的剥蚀程度，故以混凝土试件相对动弹性模量值和质量损失作为玄武岩纤维混凝土冻融损伤破坏的评价指标。

试件表面剥落物的质量 μ_s 按下式计算：

$$\mu_s = \mu_b - \mu_f \tag{2-5}$$

式中，μ_s 为试件表面剥落物的质量（g），精确至 0.01g；μ_f 为滤纸的质量（g），精确至 0.01g；μ_b 为干燥后滤纸与试件剥落物的总质量（g），精确至 0.01g。

n 次冻融循环之后，单个试件单位测试表面面积剥落物总质量按下式进行计算：

$$m_n = \frac{\sum \mu_s}{A} \times 10^6 \tag{2-6}$$

式中，m_n 为 n 次冻融循环后，单个试件单位测试表面面积剥落物总质量（g/m²）；μ_s 为每次测试间隙得到的试件剥落物质量（g），精确至 0.01 g；A 为单个试件测试表面的表面积（mm²）。

每组取 5 个试件的单位测试表面面积上剥落物总质量计算值的算术平均值作为该组试件单位测试表面面积上剥落物总质量测定值。

超声波相对传播时间和相对动弹性模量按下列方法计算。

（1）超声波在耦合剂中的传播时间 t_c 按下式计算：

$$t_c = \frac{l_c}{v_c} \tag{2-7}$$

式中，t_c 为超声波在耦合剂中的传播时间（μs），精确至 0.1μs；$l_c(l_{c1}+l_{c2})$ 为超声波在耦合剂中传播的长度（mm），l_c 由超声探头之间的距离和测试试件的长度的差值决定；v_c 为超声波在耦合剂中传播的速度（km/s）。

（2）经 n 次冻融循环之后，每个试件在传播轴线上传播时间的相对变化 τ_n 按下式计算：

$$\tau_n = \frac{t_0 - t_c}{t_n - t_c} \times 100 \tag{2-8}$$

式中，τ_n 为试件的超声波相对传播时间（%），精确至 0.1；t_0 为在预吸水后、第一次冻融之前，超声波在试件和耦合剂中的总传播时间，即超声波传播时间初始值（μs）；t_n 为经 n 次冻融循环之后超声波在试件和耦合剂中的总传播时间（μs）。

在计算每个试件的超声波相对传播时间时，以两个轴的超声波相对传播时间的算术平均值作为该试件的超声波相对传播时间测定值。每组取 5 个试件超声波相对传播时间计算值的算术平均值作为该组试件超声波相对传播时间的测定值。

（3）经 n 次冻融循环后，试件的超声波相对动弹性模量 $R_{u,n}$ 按下式计算：

$$R_{u,n} = \tau_n^2 \times 100 \tag{2-9}$$

式中，$R_{u,n}$ 为试件的超声波相对动弹性模量（%），精确至 0.1。

在计算每个试件的超声波相对动弹性模量时，先分别计算两个相互垂直的传播轴上的超声波相对动弹性模量，并取两个轴的超声波相对动弹性模量的算术平均值作为该试件的超声波相对动弹性模量测定值。每组应取 5 个试件超声波相对动弹性模量计算值的算术平均值作为该组试件的超声波相对动弹性模量测定值。

5）单面冻融试验停止条件

玄武岩纤维混凝土单面冻融试验预设冻融循环次数为 64 次，当冻融循环出现下列情况之一时，停止试验[3]，并以经受的冻融循环次数、单位表面面积剥落物总质量或超声波相对动弹性模量来表示混凝土抗冻性能。

（1）达到 64 次冻融循环时；

（2）试件单位表面面积剥落物总质量大于 1500g/m² 时；

（3）试件的超声波相对动弹性模量降低到 80% 时。

3. 抗压强度试验

玄武岩纤维混凝土试件抗压强度试验参照《普通混凝土力学性能试验方法标准》（GB/T 50081—2019）[4] 相关规定采用 WAW1000 型电液伺服万能试验机进行。试件尺寸为 100mm×100mm×100mm 的立方体试件，其抗压强度试验步骤如下。

（1）试件养护完成后将其表面擦干，同时把压力试验机承压板清理干净，为了保证表面平整，试验过程中受力均匀，试验前对试件表面进行打磨；

（2）根据圣维南原理，为了得到玄武岩纤维混凝土应力-应变全曲线，克服压力机压头对试件摩擦的约束，在试验前需要在试件上下表面各贴三层塑料薄膜（层与层之间涂抹少许黄油）；

（3）试件放置在下承压板上，保证试件中心与承压板中心正对，开动压力试验机，调整上承压板使其与试件上表面接触；

（4）调整压力试验机的送油阀，保证在试验过程中均匀连续地加载，加载速率为 0.05mm/min；

（5）试件破坏，停止加载，计算机自动记录数据。

玄武岩纤维混凝土立方体试件抗压强度按下式计算：

$$f_{cc} = \frac{F}{A} \tag{2-10}$$

式中，f_{cc} 为混凝土立方体试件抗压强度（MPa）；F 为试件破坏荷载（N）；A 为试件承压面积（mm^2）。

由于本试验采用的为非标准试件，根据《普通混凝土力学性能试验方法标准》（GB/T 50081—2019）[4]规定，按公式计算的结果需要乘以折算系数 0.95。

4. 抗折强度试验

玄武岩纤维混凝土试件抗折强度试验参照《普通混凝土力学性能试验方法标准》（GB/T 50081—2019）[4]相关规定采用 MTS 试验机进行。试件尺寸为100mm×100mm×400mm 的棱柱体。采用三点弯抗折强度试验，棱柱体试件抗折强度试验步骤如下。

（1）养护完成后，试件表面擦拭干净。

（2）试件按尺寸如图 2-10 所示放置在 MTS 试验机上，尺寸偏差应小于1mm。应以试件成型时的侧面为承压面，且支座与试件接触面应平稳、均匀。

（3）试验过程均匀、连续加载，加载速率控制在 0.08～0.1MPa/min。

（4）加载至试件破坏后，记录数据。

玄武岩纤维混凝土试件抗折强度按下式计算：

$$f_f = \frac{Fl}{bh^2} \tag{2-11}$$

式中，f_f 为玄武岩纤维混凝土试件抗折强度（MPa）；F 为试件破坏荷载（N）；l 为支座间跨度（mm）；h 为试件截面高度（mm）；b 为试件截面宽度（mm）。

玄武岩纤维混凝土试件抗压强度、抗折强度计算精确至 0.1MPa，取三个试件的算术平均值为该组强度值；三个试件的测定值，如果最大值或最小值中，有一个与中间值的差值超过其 15%，则以中间值为该组强度值；如果差值均超过 15%，则该组试验结果数据作废。

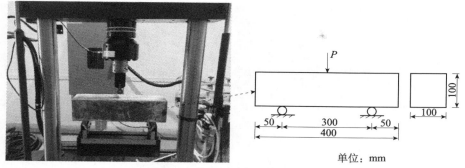

单位：mm

图 2-10　抗折试验加载及示意图

2.2　基于快速水冻融方法的玄武岩纤维混凝土抗冻性

2.2.1　快速水冻融后玄武岩纤维混凝土试件表面形貌

　　图 2-11 为玄武岩纤维混凝土试件水冻融循环前后外观形貌对比照片。通过对试件外观形貌观察分析，发现随着冻融循环次数的增加，混凝土剥蚀程度逐渐加重；随着纤维掺量的增加，混凝土受冻融损坏程度逐渐减弱，表明玄武岩纤维的加入能够改善混凝土抗冻性，表 2-6 为玄武岩纤维混凝土水冻融破坏特征。

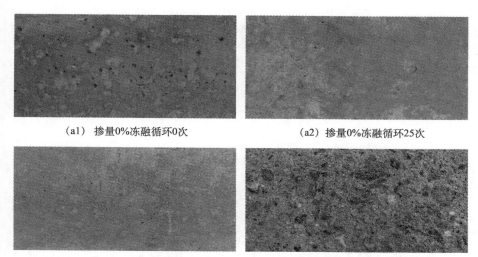

（a1）掺量0%冻融循环0次　　　　　　　　（a2）掺量0%冻融循环25次

（a3）掺量0%冻融循环50次　　　　　　　　（a4）掺量0%冻融循环75次

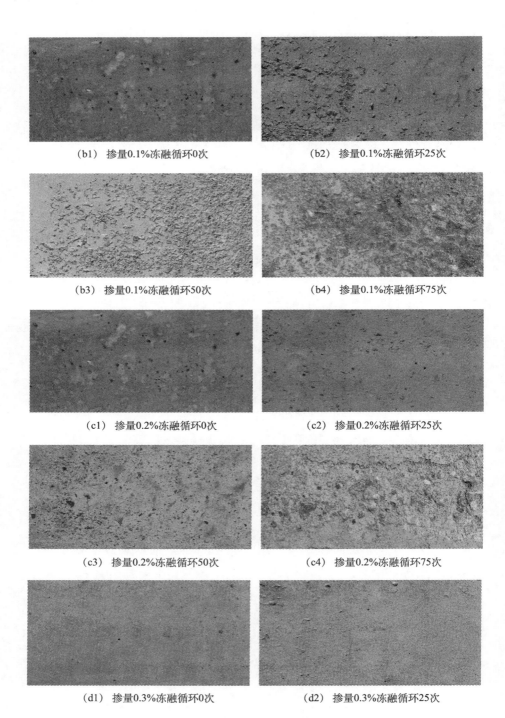

（b1）掺量0.1%冻融循环0次　　　　　　（b2）掺量0.1%冻融循环25次

（b3）掺量0.1%冻融循环50次　　　　　　（b4）掺量0.1%冻融循环75次

（c1）掺量0.2%冻融循环0次　　　　　　（c2）掺量0.2%冻融循环25次

（c3）掺量0.2%冻融循环50次　　　　　　（c4）掺量0.2%冻融循环75次

（d1）掺量0.3%冻融循环0次　　　　　　（d2）掺量0.3%冻融循环25次

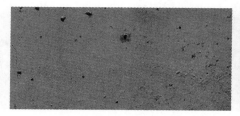

（d3）　掺量0.3%冻融循环50次　　　　　　　（d4）　掺量0.3%冻融循环75次

图 2-11　玄武岩纤维混凝土水冻融循环前后外观形貌对比照片

表 2-6　玄武岩纤维混凝土水冻融破坏特征

冻融循环次数	纤维掺量/%			
	0	0.1	0.2	0.3
0	试件表面光滑，整体完整			
25	试件外观没有变化，表面完整程度、光滑度与冻融前试件几乎一样，破坏现象几乎不存在			
50	水泥砂浆开始剥落，试件表面呈现轻微麻面状		未出现砂浆剥落现象	
75	大量砂浆剥落，粗骨料暴露，试件表面凹凸不平，整体性较好		水泥砂浆开始剥落，试件表面呈现麻面状	

2.2.2　快速水冻融后玄武岩纤维混凝土质量损失

水冻融循环后玄武岩纤维混凝土试件的质量损失率如表 2-7 所示。分析表中数据可以看出：同一纤维掺量条件下，随着冻融循环次数的增加，试件质量损失率不断增加，对于未掺纤维的混凝土 75 次冻融循环后质量损失率达 7.43%，试件表面破坏严重。同一冻融次数下，随着纤维掺量的增加，试件质量损失率不断降低，玄武岩纤维掺量为 0.1% 的试件，冻融循环 75 次时质量损失率为 5.47%；玄武岩纤维掺量为 0.2% 和 0.3% 的试件冻融循环 75 次后，质量损失率较小均在 5% 以下。75 次冻融循环后，未掺加纤维的混凝土试件质量损失率是掺 0.3% 纤维的 5.5 倍，说明掺入玄武岩纤维的试件，抗水冻性能较好，可降低混凝土质量损失率。这是由于掺入较多的纤维后，分布均匀乱向的玄武岩纤维在混凝土中彼此相黏连，起到承托骨料的作用，降低了试件表面析水与集料的离析，阻碍了试件表面混凝土的脱落[5]。

表 2-7　不同水冻融循环次数后质量损失率　　　　　（单位：%）

冻融循环次数	纤维掺量			
	0.0	0.1	0.2	0.3
0	0.00	0.00	0.00	0.00
25	0.47	0.20	0.10	—0.57
50	2.36	1.89	0.68	0.25
75	7.43	5.47	3.47	1.35

图 2-12 为玄武岩纤维掺量与质量损失率的关系曲线。分析图中曲线可以看出：冻融循环 0～25 次时，质量损失率曲线变化较平缓，说明冻融初期试件表面损伤不严重；冻融循环 25～50 次时，质量损失率曲线斜率增加，说明此时试件表面损伤程度加大；冻融循环 50～75 次时，质量损失率曲线斜率急剧增加，说明此时试件表面损伤程度严重；上述分析还说明冻融损伤主要发生在冻融循环后期。

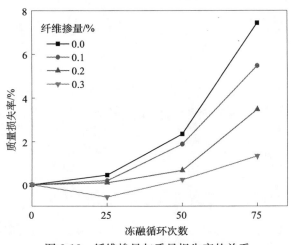

图 2-12　纤维掺量与质量损失率的关系

对于纤维掺量为 0.3％的混凝土试件，质量出现先增长后降低的趋势。在 25 次冻融循环后，质量损失率呈现负值，说明玄武岩纤维混凝土质量增加，其原因是水冻初期需要吸水至饱和，此时吸水量大于水冻使试件的剥蚀量，所以玄武岩纤维混凝土质量增加，但增加值较小，仅为 0.753％。随着冻融循环次数增加，试件表面剥落物明显增多，玄武岩纤维混凝土质量出现下降，即质量损失率曲线表现为上升趋势。

2.2.3　快速水冻融后玄武岩纤维混凝土相对动弹性模量

水冻融循环后玄武岩纤维混凝土试件的相对动弹性模量如表 2-8 所示。分析表中数据可以看出：同一纤维掺量条件下，随着冻融次数增加，试件相对动弹性模量不断下降；同一冻融次数下，随着纤维掺量的增加，试件相对动弹性模量不断上升，对于未掺纤维的混凝土 75 次冻融循环后相对动弹性模量达 56.38％，试件内部损伤破坏严重，超过了快速冻融试验的停止条件（相对动弹性模量 60％），掺入玄武岩纤维的试件在冻融循环中，相对动弹性模量下降较慢，且冻融循环 75 次后相对动弹性模量值均在 60％以上。说明掺入玄武岩纤维的试件抗水冻性能较好，减缓混凝土内部损伤。

表 2-8 不同水冻融循环次数后相对动弹性模量

冻融循环次数	纤维掺量/%			
	0.0	0.1	0.2	0.3
0	100.00	100.00	100.00	100.00
25	88.45	90.34	95.67	99.53
50	75.87	81.23	85.34	92.45
75	56.38	68.36	78.34	86.73

图 2-13 为玄武岩纤维掺量与相对动弹性模量的关系曲线。分析图 2-13 中曲线可以看出：随着冻融循环次数增加，试件相对动弹性模量均出现不同程度的下降。通过对比曲线下降趋势发现，未掺玄武岩纤维的混凝土试件下降趋势近似呈直线，斜率最大，相对动弹性模量下降最快；纤维掺量为 0.3% 的试件下降趋势呈抛物线，斜率最小，相对动弹性模量下降最慢。掺入玄武岩纤维的混凝土试件与未掺入纤维的混凝土试件相比，水冻融循环对其影响作用较小，并随着纤维掺量的增加，水冻融对相对动弹性模量的影响越来越不明显。说明掺入玄武岩纤维可提高混凝土试件抗水冻性能，使相对动弹性模量下降变缓慢。75 次冻融循环后，普通混凝土相对动弹性模量仅为 56.38%，而玄武岩纤维掺量为 0.3% 的试件的相对动弹性模量为 86.73%。

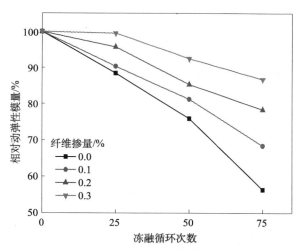

图 2-13 纤维掺量与相对动弹性模量的关系

根据混凝土损伤力学，定义 $D(N)$ 为混凝土冻融损伤变量[6]：

$$D(N) = 1 - \frac{E(N)}{E_0} = 1 - E_r \qquad (2\text{-}12)$$

式中，$E(N)$ 为 N 次冻融循环后混凝土的动弹性模量；E_0 为冻融循环前混凝土的动弹性模量；E_r 为相对动弹性模量。

玄武岩纤维混凝土破坏时冻融循环次数与质量损失率、相对动弹性模量、损伤度的关系如表 2-9 所示。比较表 2-9 中数据结果可以看出，随着玄武岩纤维体积掺量增加，混凝土的损伤度逐渐减小。未掺玄武岩纤维的混凝土在 75 次冻融循环作用后损伤度为 0.44，玄武岩纤维掺量 0.3% 的混凝土试件在 75 次冻融循环作用后损伤度为 0.13，表明玄武岩纤维对混凝土抗冻性能有明显的改善作用。

表 2-9   玄武岩纤维混凝土水冻破坏时的性能指标

纤维掺量/%	冻融循环次数	质量损失率/%	相对动弹性模量/%	损伤度 D
0.0	75	7.432	56.38	0.44
0.1	75	5.468	68.36	0.32
0.2	75	3.474	78.34	0.22
0.3	75	1.346	86.73	0.13

图 2-14 为冻融循环次数与损伤度关系曲线，从图中曲线走势可以看出，随着冻融次数增加，各组纤维掺量下的混凝土损伤度均增加，各组试件增加程度呈正比关系。其中未掺玄武岩纤维的混凝土试件损伤度增加幅度最快，增加幅度最慢的是纤维掺量 0.3% 的混凝土试件。冻融循环对普通混凝土损伤程度最大，对 0.3% 掺量的混凝土损伤程度最小，表明玄武岩纤维的掺入能够有效提高混凝土的抗冻性能。

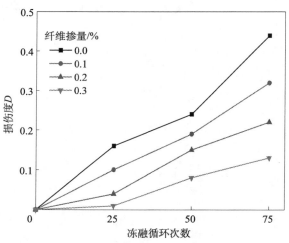

图 2-14   冻融循环次数与损伤度关系

2.2.4　快速水冻融后玄武岩纤维混凝土抗压强度

表 2-10 为水冻融循环后玄武岩纤维混凝土抗压强度试验值。从表中试验数据可以看出，各组试件抗压强度均随冻融次数的增加出现不同程度的降低。其中，未掺玄武岩纤维的混凝土在 75 次冻融循环后，强度损失率下降最快，达到 80.58%，抗冻性能最差；玄武岩纤维掺量 0.3% 的试件 75 次冻融循环后，强度损失率最小，为 44.62%，抗冻性能最优。通过对比强度损失率发现，随着玄武岩纤维体积率的增加，混凝土试件强度损失率逐渐降低。试验结果表明，冻融环境对玄武岩纤维混凝土抗压强度影响明显，抗压强度均表现出下降趋势；玄武岩纤维的加入能够提高混凝土抗冻性能。

表 2-10　水冻融循环后试件抗压强度

纤维掺量/%	冻融循环次数	抗压强度/MPa	75 次冻融后强度损失率/%
0.0	0	50.05	80.58
	25	37.88	
	50	32.18	
	75	9.72	
0.1	0	45.13	65.57
	25	32.72	
	50	23.42	
	75	15.54	
0.2	0	47.04	54.23
	25	29.06	
	50	26.53	
	75	21.53	
0.3	0	42.74	44.62
	25	44.07	
	50	34.16	
	75	23.67	

2.2.5　快速水冻融后玄武岩纤维混凝土单轴受压应力-应变曲线影响

混凝土应力-应变曲线是结构强度计算、内力分析、延性评估和钢筋混凝土有限元分析的基础。应力-应变曲线是混凝土受压力学性能和指标的综合性宏观反映，曲线峰值点为试件抗压强度，对应的应变为峰值应变；初始切线斜率为初始弹性模量，曲线下降段为峰值点后的残余强度，曲线的形状和曲线下的面积则反映材料的塑性变形和延性。对于玄武岩纤维混凝土试件单轴受压破坏需要经历下面几个过程[7]，如图 2-15 所示。

（1）OA 为直线段，混凝土应力较低，此时应力与应变呈线性关系。在此阶段，混凝土内部初始缺陷和收缩微裂纹几乎没有延伸、扩展，此阶段试件主

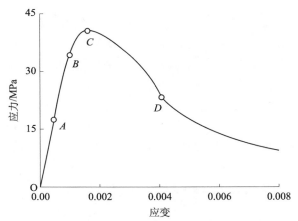

图 2-15 玄武岩纤维混凝土试件单轴受压应力-应变曲线示意图

要为弹性变形。

(2) AB 为曲线段，由于混凝土受冻融作用，内部产生损伤，所以孔洞和裂缝增多，当压缩荷载作用时，裂缝发生闭合，应变增加，所以此时曲线斜率会下降，并随着冻融次数的增加，曲线斜率下降程度越来越明显。

(3) 当荷载达到 B 点后，试件内部沿竖向应力方向的微裂缝逐步延伸，随着荷载的逐渐增加，试件内部微裂缝逐步形成表面可见的宏观裂缝。此后应力增加，缓慢达到最大值，即混凝土抗压强度 C 点。

(4) CD 为应力-应变曲线下降段，试件表面开始出现微裂缝，与受力方向平行，此时混凝土承载力下降较快。

(5) D 点以后，继续加载，混凝土表面纵向裂缝开始相连，裂缝贯通整个截面，试件丧失承载能力。

在冻融环境作用下，混凝土材料内部损伤萌生、扩展，最终导致混凝土强度失效，所以研究冻融状态下的混凝土本构关系具有重要的意义。观察不同冻融循环次数下玄武岩纤维混凝土应力-应变曲线图 2-16 (a) ~ (c) 发现，玄武岩纤维掺量一定时，随着冻融循环次数的增加，试件内部出现损伤，峰值点相对于坐标轴下降和右移，表明试件强度和弹性模量下降，应变增大，曲线逐渐向扁平趋势发展。这是由于，冻融循环造成混凝土内部孔隙率增加，材料刚度下降，延性增加。由玄武岩纤维体积掺量为 0.3% 的应力-应变曲线 (d) 发现，冻融损伤初期，峰值点相对于坐标轴上升和左移，表明试样强度和弹性模量有所提高，应变变小；随着冻融循环次数的增加，峰值点应力明显下降，峰值点应变右移，弹性模量降低，曲线逐渐向扁平趋势发展。原因在于：玄武岩纤维的加入对弹性阶段、裂缝稳态拓展阶段、裂缝失稳拓展阶段和破坏阶段作用明显，在弹性阶段，纤维的加入能够改善混凝土内部结构；在裂缝稳态扩展阶段，纤维在混凝土中开始发挥增强作用，抑制裂缝的产生和发展，有效地提高了试件的承载力；在裂缝失稳拓展阶段，裂缝宽度发展，纤维作用明显。

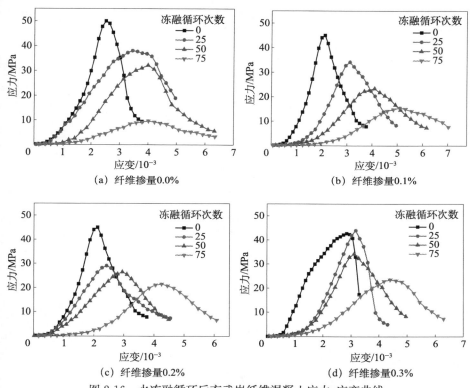

图 2-16　水冻融循环后玄武岩纤维混凝土应力-应变曲线

2.2.6　快速水冻融后玄武岩纤维混凝土抗折强度

通过观察抗折试件破坏过程发现，未掺玄武岩纤维混凝土试件在加载过程中，底部首先出现较少纵向微小裂缝，随着荷载增加，微小裂缝聚集发展成为宽裂缝，试件突然断裂，呈现脆性破坏特征，破坏面较平整。掺入玄武岩纤维的混凝土在加载过程中底部出现较多纵向微小裂缝，随着荷载增加，微小裂缝向上发展，直至试件破坏，呈现一定延性破坏特征，破坏面凹凸不平，并可见少量玄武岩纤维。

表 2-11 为水冻融循环后玄武岩纤维混凝土试件抗折强度和冻融循环 75 次后抗折强度损失率，对比各纤维掺量下 75 次冻融循环后混凝土强度损失率发现，不掺玄武岩纤维的混凝土试件抗折强度损失率最大，达 95.70%，玄武岩

纤维掺量为 0.3％的试件 75 次冻融循环后强度损失率为 83.76％，表明玄武岩纤维的加入能够有效提高冻融损伤后混凝土的抗折强度。

表 2-11　水冻融循环后试件抗折强度

纤维掺量/％	冻融循环次数	抗折强度/MPa	冻融循环 75 次后强度损失率/％
0.0	0	3.95	95.70
	25	2.46	
	50	1.23	
	75	0.17	
0.1	0	4.18	94.26
	25	2.75	
	50	1.48	
	75	0.24	
0.2	0	4.35	90.57
	25	2.84	
	50	1.58	
	75	0.41	
0.3	0	4.74	83.76
	25	4.92	
	50	2.26	
	75	0.77	

图 2-17 为玄武岩纤维混凝土冻融循环次数与抗折强度关系图。可以看出，随着冻融循环次数的增加，玄武岩纤维混凝土抗折强度均出现不同程度的下降趋势。对于体积掺量为 0.3％的玄武岩纤维混凝土，抗折强度随冻融循环次数的增加呈先增大后减小的趋势，在 25 次冻融循环后抗折强度达到极值。对比各组试件 75 次冻融循环后抗折强度损失率发现，随着纤维掺量的增加，抗折强度损失率越来越小，表明玄武岩纤维的加入能够提高混凝土抗冻性能。

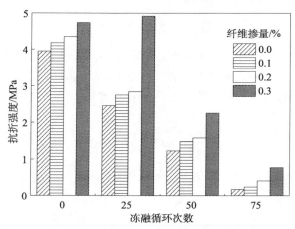

图 2-17　玄武岩纤维混凝土冻融循环次数与抗折强度关系

分析原因：玄武岩纤维的掺入对混凝土抗冻性能的提高主要集中在两个方面[8]。①在混凝土中加入适量玄武岩纤维后，由于纤维乱向分布与混凝土内部形成空间网状结构，在冻融作用下，有效地阻碍了微裂纹的产生和发展，同时在外力作用下纤维能起到自身耗能作用。②掺入适量玄武岩纤维相当于引气剂作用，能够改善内部混凝土微观孔结构，使有害孔、多害孔比例降低，从而提高混凝土抗冻性能。

2.3　基于单面水冻融方法的玄武岩纤维混凝土抗冻性

2.3.1　单面水冻融后玄武岩纤维混凝土试件表面形貌

在单面冻融试验方案设计中，每 8 次冻融循环后对混凝土试件进行数据采集，64 次冻融循环后结束试验。本节分别对不同纤维掺量、冻融循环次数为 0、16、32、48、64 的混凝土试件表观形貌图进行对比分析。试件在水冻融循环后的表观形貌如图 2-18 所示。混凝土试件表面在 8 次冻融循环后开始有明显腐蚀痕迹，此后，腐蚀程度随冻融循环次数逐渐加深。不同玄武岩纤维掺量的混凝土试件表面剥蚀程度表现为：不掺纤维的混凝土试件＞0.3%纤维掺量的试件＞0.1%纤维掺量的试件＞0.2%纤维掺量的试件。说明玄武岩纤维可以改善混凝土水冻融剥蚀程度，这是因为纤维的拉结作用对冻胀力的抵抗作用。

 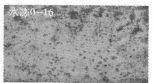

(a1) 纤维掺量0%冻融循环0次　　(a2) 纤维掺量0%冻融循环16次

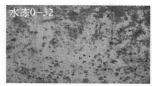  

(a3) 纤维掺量0%冻融循环32次　(a4) 纤维掺量0%冻融循环48次　(a5) 纤维掺量0%冻融循环64次

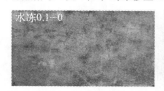 

(b1) 纤维掺量0.1%冻融循环0次　　(b2) 纤维掺量0.1%冻融循环16次

（b3）纤维掺量0.1%冻融循环32次 （b4）纤维掺量0.1%冻融循环48次 （b5）纤维掺量0.1%冻融循环64次

（c1）纤维掺量0.2%冻融循环0次 （c2）纤维掺量0.2%冻融循环16次

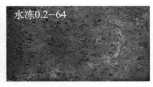

（c3）纤维掺量0.2%冻融循环32次 （c4）纤维掺量0.2%冻融循环48次 （c5）纤维掺量0.2%冻融循环64次

（d1）纤维掺量0.3%冻融循环0次 （d2）纤维掺量0.3%冻融循环16次

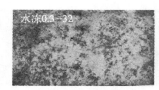

（d3）纤维掺量0.3%冻融循环32次 （d4）纤维掺量0.3%冻融循环48次 （d5）纤维掺量0.3%冻融循环64次

图 2-18　单面水冻融循环后试件的表观形貌图

2.3.2　单面水冻融后玄武岩纤维混凝土质量损失

由图 2-19 可见，累计质量损失随冻融循环次数增加而增加，四种纤维掺量的试件在 64 次冻融循环后的累计质量损失均低于 7g。由水冻融环境的质量损失图 2-19 可知，不掺纤维的混凝土试件质量损失最大，且随冻融循环次数增加，其质量损失的幅度越来越大。在水溶液中，自 24 次冻融循环开始，不掺纤维的混凝土试件的累计质量损失幅度急剧增加，且相同冻融次数下与其他纤维掺量的试件质量损失之差呈线性增长；其他三种纤维掺量的累计质量损失随冻融循环次数发展较为平缓。说明纤维的黏结作用可延缓混凝土损伤劣化速度，在冻融循环过程中发挥了明显的抗冻优势。

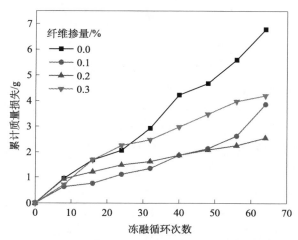

图 2-19　单面水冻融后玄武岩纤维混凝土累计质量损失

2.3.3　单面水冻融后玄武岩纤维混凝土相对动弹性模量

相对动弹性模量变化如图 2-20 所示，在水冻融环境中不掺纤维的混凝土试件与其他三种纤维掺量混凝土试件相比相对动弹性模量下降幅度较大，不掺纤维的混凝土试件在 64 次冻融循环时相对动弹性模量下降至 90%，其他三种纤

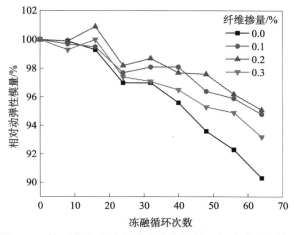

图 2-20　单面水冻融后玄武岩纤维混凝土相对动弹性模量

维掺量试件的相对动弹性模量均在 93% 以上，其中 0.2% 纤维掺量试件的相对动弹性模量高达 95.1%。这说明玄武岩纤维对水冻融环境下混凝土的相对动弹性模量有一定的提升作用，其根本原因是纤维和水泥浆体的黏结力与冻融过程中所产生的冻胀力相抵消，阻挡水泥浆体中微裂缝的产生和发展。

2.3.4　单面水冻融后玄武岩纤维混凝土抗压强度

玄武岩纤维混凝土试件在水冻融环境下，经不同单面冻融循环次数后的抗压强度值如表 2-12 所示，关系如图 2-21 所示。混凝土抗压强度随冻融次数的增加呈线性下降趋势，且直线拟合的相关度均在 0.92 以上。拟合直线的平缓度可较好地反映玄武岩纤维对混凝土抗压强度的贡献程度，直线越平缓，说明纤维和水泥基体的黏结性能越好，其黏结力能够抵抗由冻融作用产生的膨胀应力以及温度疲劳应力的共同作用。比较拟合直线的斜率发现，水冻融环境下各纤维掺量的拟合直线平缓度为 0.2%＞0.1%＞0.3%＞0.0%，对比纤维混凝土试件在 0～64 次冻融循环后的抗压强度可知，掺入玄武岩纤维混凝土试件的抗压强度始终高于不掺纤维的混凝土试件。在冻融过程中，当混凝土内部各相材料或水泥浆体自身的黏结力低于冻融作用力时，混凝土沿着易出现应力集中的劣化孔隙开始出现微裂缝，而跨裂缝纤维将继续牵拉两端混凝土，延缓裂缝发展，使纤维混凝土在冻融后依然有较好的抗压强度。

表 2-12　水冻融条件下抗压强度值

纤维掺量/%	冻融循环次数				
	0	16	32	48	64
0.0	58.62	57.71	56.97	55.33	52.81
0.1	59.64	58.83	58.22	56.84	55.59
0.2	60.42	59.89	59.12	58.35	57.13
0.3	60.76	60.11	59.36	57.98	56.02

图 2-22 为玄武岩纤维混凝土抗压强度损失率与纤维掺量的关系，由图可知，16 次冻融循环后的混凝土抗压强度损失率均在 2% 以下，这是因为 16 次冻融循环之前是冻融介质由表及里逐步进入混凝土内部的初始阶段，也是混凝土表层的孔隙结构劣化的初始阶段。自 32 次冻融循环开始，混凝土抗压强度损失率增加趋势较为显著。这是由于水冻融环境中，水介质由毛细作用进入混凝土内部，且在低温时结冰膨胀产生结冰压；其次，混凝土在高低温循环过程中内部产生温度疲劳应力，两种应力共同作用导致混凝土抗压强度降低。

由图 2-22 亦可知，水冻融环境中的试件在 32 次冻融循环之前，混凝土抗压强度损失率随纤维掺量增加无明显变化，在 48 次和 64 次冻融循环后，混凝土抗压强度损失率随纤维掺量增加呈现出先下降后上升的趋势。其中，0.2%

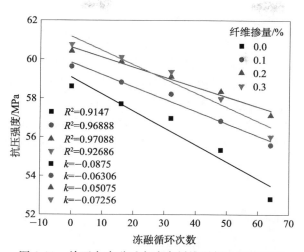

图 2-21　单面水冻融后玄武岩纤维混凝土抗压强度

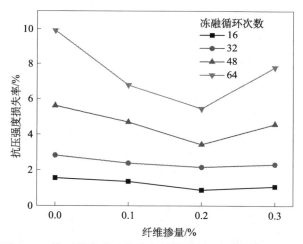

图 2-22　单面水冻融后玄武岩纤维混凝土抗压强度损失率

纤维掺量的混凝土抗压强度损失率最小，这是因为纤维掺量高于 0.2% 时，混凝土试件在制作成型过程中出现了结团现象，所以纤维在混凝土试件内部无法均匀分布，纤维无法起到桥接作用，致使混凝土抗压强度损失率上升。

2.4　基于 SEM 的水冻融后玄武岩纤维混凝土微观形貌分析

2.4.1　试验设备及方法

本试验采用型号为 Quanta 450 的 FEI 环境扫描电子显微镜（SEM）（图

2-23)，在低真空下观测普通混凝土（NC）和玄武岩纤维混凝土（BFRC）在不同冻融循环次数下的微观结构组织形貌，并且在此条件下，运用 X 射线能谱分析其组成成分的变化。快速冻融循环后的玄武岩纤维混凝土立方体试件力学试验完毕后，将试件用压力机压碎，从中取出至少有一个面为自然面的试样，然后将其初样品切削，最终成型样品尺寸大约为 10mm×10mm×10mm 的小立方体试件（图 2-24）。试样经自来水清洗和自然晾干后，放入密封的塑料袋里。当进行扫描电镜和能谱分析测试时，用导电胶把样品黏结在样品座上，即可进行观测。

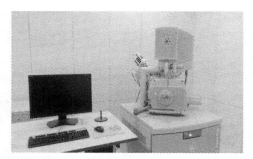

图 2-23　FEI 环境扫描电子显微镜

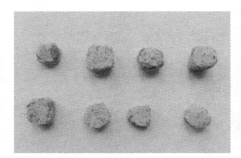

图 2-24　扫描电镜试样

2.4.2　水冻融循环前后未掺玄武岩纤维混凝土形貌

如图 2-25 所示，未掺纤维混凝土在冻融前各水化产物相互形成连续相，整体结构比较均匀密实，没有微裂缝产生，水化产物 C-S-H 凝胶与 Ca(OH)$_2$ 形成整体，紧紧地包裹着骨料，水泥石水化较完整充分。

图 2-25　冻融前混凝土的 SEM 形貌

图 2-26 为未掺纤维混凝土在水冻融循环每隔 25 次的电镜扫描图片。在冻融循环试验过程中，混凝土内部的毛细孔在水中处于饱和状态。当试验温度达到某个负值时，混凝土孔隙中水由大孔开始结冰，逐渐扩展到较细孔，由于水结成冰，体积膨胀，多余的水需排除，但周围处于饱和状态，这时就产生了内部压力。当水压力超过了混凝土的抗拉强度时，混凝土内部出现开裂，石子与水泥浆界面出现微裂缝且局部贯通，并且 C-S-H 凝胶结构比冻融前明显松散（图 2-26（a））；随着冻融循环次数的增加，微裂缝逐渐发展延伸，裂缝的宽度变宽，由最初的石子与水泥浆裂缝延伸至水泥浆内部，相互贯通（图 2-26（b））；冻融循环次数继续增加，石子与水泥浆体界面黏结性减弱，网状结构开始破损；当冻融循环达到 75 次时（图 2-26（c）），混凝土内部组织结构变得松散，试样表面出现一条贯通的裂缝，水泥石表面存在较多的孔洞，孔隙率增大，变为蜂窝状的疏松结构。

（a）冻融循环25次

（b）冻融循环50次

（c）冻融循环75次

图 2-26　不同水冻融循环次数下未掺纤维混凝土的 SEM 形貌

可以看出，随着冻融循环次数增加，混凝土微观结构由原致密状态向疏松逐渐过渡，混凝土表面孔隙和微裂缝数量增多、宽度变宽，而且逐渐相互贯通，密实度降低。宏观上，表现为质量损失逐渐增长和动弹性模量下降。

图 2-27 为混凝土水冻融循环 50 次（5000 倍）和 75 次（10000 倍）后的 SEM 图，（a）图 C-S-H 凝胶体呈现网状结构，被大量的孔洞分割，结构比较疏松，但与（b）图相比较密实，局部黏结性较好，试样虽也存在较多孔隙和少量的针状物质，但不明显；从图 2-27（b）图可知，C-S-H 凝胶体结构被彻底地分隔为大小均匀的小颗粒，水化物组织结构趋于疏松，密实度降低，针状物质钙矾石（AFt）的数量增多，主要集中在孔洞和裂缝处。

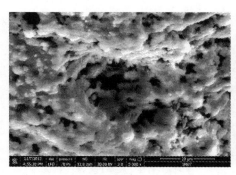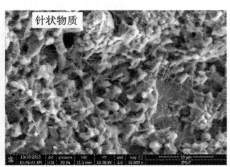

（a）冻融循环50次　　　　　　　　　　　（b）冻融循环75次

图 2-27　水冻融循环 50 次和 75 次下混凝土 SEM 形貌

2.4.3　水冻融循环前后玄武岩纤维混凝土微观形貌

1. 冻融循环前玄武岩纤维混凝土的微观形貌

图 2-28 为玄武岩纤维混凝土冻融前的 SEM 图片。从图（a）可以看出，混凝土在冻融前各水化产物相互形成连续相，整体结构比较均匀密实，没有微裂缝产生，水化产物 C-S-H 凝胶与 $Ca(OH)_2$ 形成整体，紧紧地包裹着骨料，水泥石水化较完整充分。图（b）中混凝土组织结构较密实，没有发现由玄武岩纤维的掺入带来的有害孔，可以看出纤维掺量为 0.1% 对混凝土基体影响不大；图（c）中，可以清晰地看见在混凝土基体内乱向分布的玄武岩纤维，但大部分集中在一个方向，水化物 C-S-H 凝胶局部结构出现松散，混凝土组织结构较图（a）、（b）疏松，密实度降低，所以其抗压与抗折强度有所降低；图（d）中，同样能够看到大量集中的玄武岩纤维，但纤维间距较小，方向基本一致，分散程度低，没有更好地发挥纤维的作用。其原因为，过量的玄武岩纤维掺入后，拌合物的和易性变差，导致玄武岩纤维在混凝土基体内部结团，成型后密实度降低。

2. 水冻融循环 25 次后玄武岩纤维混凝土的微观形貌

图 2-29 为水冻融循环 25 次时的玄武岩纤维混凝土 SEM 形貌。从图（a）

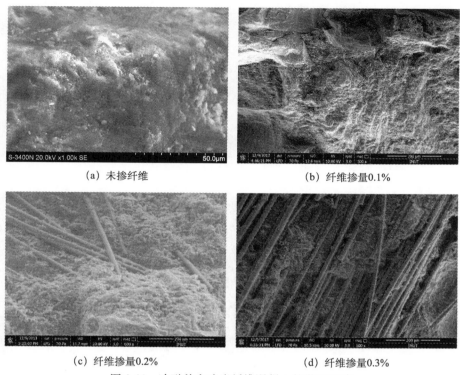

(a) 未掺纤维　　　　　　　　　　(b) 纤维掺量0.1%

(c) 纤维掺量0.2%　　　　　　　　(d) 纤维掺量0.3%

图 2-28　冻融前玄武岩纤维混凝土的微观形貌

中可看出，纤维掺量 0.1%时骨料与水化产物黏结较好，仅存在极少的毛细管孔和毛细裂缝，C-S-H 凝胶结构完整，混凝土组织结构较为密实，图中圆孔均为纤维被拉断所形成的孔隙，可见在混凝土有外力荷载作用时，纤维能够分担一部分力，对混凝土的破坏起到了抑制作用；图（b）中纤维掺量 0.2%时，混凝土结构内部较为密实，孔隙很少，出现少量的微裂缝。纤维与混凝土的黏结性好，可以清楚地看到纤维断口齐平，呈现放射花样，判断为脆性断裂；图（c）中纤维掺量 0.3%，水化物组织结构较为疏松，孔隙很少，未出现微裂缝。其中纤维横跨在孔隙中央，纤维上面附着 C-S-H 凝胶，与水泥浆结合较为紧密。说明玄武岩纤维的掺入对孔径增大产生的尖端应力集中起到抑制作用。

3. 水冻融循环 50 次后玄武岩纤维混凝土的微观形貌

玄武岩纤维混凝土在水中冻融 50 次后的微观形貌见图 2-30。从图（a）中可以看出，纤维掺量 0.1%混凝土表面出现很多大小不均匀的孔隙和少量的微裂缝，并且表面凹凸不平，反映在宏观结构上，表现为混凝土试件表面砂浆层状式剥落。从整体来看，水泥浆体结构较疏松，水化产物 C-S-H 凝胶由于冻融

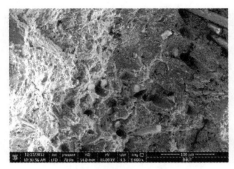

（a）纤维掺量0.1%

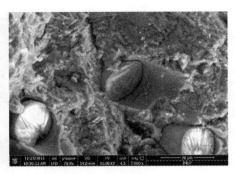

（b）纤维掺量0.2%

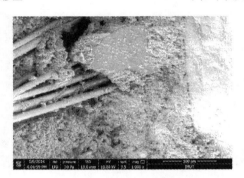

（c）纤维掺量0.3%

图 2-29　水冻融循环 25 次后玄武岩纤维混凝土的微观形貌

次数的累积，结晶水不断增加，组织结构变得疏松，呈现网状结构，骨料与水泥浆体黏结较弱，密实度有所降低；而图（b）中纤维掺量 0.2％时，虽然仍能看到孔隙和坑洞，但数量上明显少于图（a），而且石子与水化产物黏结较好，没有看到由冻融而产生的明显裂缝，玄武岩纤维横竖在混凝土表面，界面之间黏结很紧密。混凝土的整体结构优于图（a）；图（c）中纤维掺量 0.3％，可以明显看到在混凝土基体里存在大量的玄武岩纤维，方向基本一致，纤维间距较小甚至间距为零，可能由于纤维掺量过大，纤维在混凝土基体里结团。从水化物组织结构来看，水泥浆与骨料黏结较好，水化产物 C-S-H 凝胶结构完整，表面结构较为密实，孔隙和微裂缝数量极少。与冻融前相比较，试件的微观结构没有太大变化。

通过 SEM 试验研究和分析，可以得出：玄武岩纤维的掺入，使混凝土的裂缝数量减少，宽度减小，互相贯通裂缝出现不明显，缓解裂缝尖端应力，抗冻性能优于普通混凝土。但过多的玄武岩纤维掺入，增大了混凝土孔隙数量和出现概率，使混凝土致密的水化物组织结构变得疏松，减弱了玄武岩纤维增韧、增强和阻裂作用，从而导致混凝土强度降低，纤维对混凝土抗冻性能的改善作用减弱。

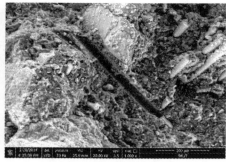

(a) 纤维掺量0.1%　　　　　　　　　（b) 纤维掺量0.2%

(c) 纤维掺量0.3%

图 2-30　水冻融循环 50 次后玄武岩纤维混凝土的微观形貌

2.4.4　水冻融循环后玄武岩纤维混凝土基体/纤维间的界面微观形貌

1. 水冻融循环 25 次后基体/纤维间的界面形貌分析

图 2-31 为水冻融循环 25 次时的玄武岩纤维混凝土的 SEM 形貌。图 (a) 纤维掺量 0.1% 时，混凝土孔隙中出现少量的纤状的钙矾石结晶体，同时，$Ca(OH)_2$ 晶体数量增多，呈片状形，形成一个整体，环绕在槽壁周围，同样在槽壁内存在极少的圆片状结晶物；图 (b) 纤维掺量 0.2% 时，$Ca(OH)_2$ 晶体体积明显小于图 (a)，局部出现单独的小颗粒。纤维与混凝土界面上同样出现白色圆形物质，形状规则，大小均匀，槽壁以外的缝隙中存在大量的针棒状钙矾石结晶体，占据了整个缝隙空间；图 (c) 纤维掺量 0.3% 时，纤状的钙矾石结晶体再次出现在槽壁两侧，数量上少于图 (b)，水化产物 C-S-H 凝胶结构的网状结构被分割成单独的小颗粒，鳞状的圆形物质未出现。

2. 水冻融循环 50 次后玄武岩纤维混凝土界面产物的微观形貌

玄武岩纤维混凝土经水冻融循环 50 次后界面产物见图 2-32。图 (a) 纤维

(a) 纤维掺量0.1%

(b) 纤维掺量0.2%

(c) 纤维掺量0.3%

图 2-31　水冻融循环 25 次后玄武岩纤维混凝土界面产物的微观形貌

掺量 0.1％时，可以看出在混凝土较大孔隙中，存在着针棒状物质钙矾石结晶体，布满整个孔隙，比较密集，而水化物表面未见明显的上述物质。孔洞周围的 $Ca(OH)_2$ 结晶物明显增多，体积增大，已连接成块状。图（b）纤维掺量 0.2％时，同样能够看到针状物质钙矾石结晶物，但个体纤长。该物质主要集中在纤维与混凝土基体界面区域，少量集中在混凝土孔隙中。而此图中 $Ca(OH)_2$ 结晶物以单独的小颗粒形状出现，无论在数量和大小上都不如图（a）；图（c）纤维掺量 0.3％时，可以能够明显地看到大量针状物质存于混凝土微裂缝和孔隙中，数量上相对图（a）、（b）较少，而且出现小颗粒形单独的 $Ca(OH)_2$ 结晶物，可以看出，在此条件下，$Ca(OH)_2$ 结合水的数量少于图（a）。从以上图分析可知，由于玄武岩纤维混凝土遭受冻融作用，所以混凝土内部孔隙增多和孔径增大。随着冻融循环次数的累积，孔隙之间相互贯通，再加上作用力的增大，混凝土微裂缝产生，这个过程就给了该物质生长的空间，以至于占据了整个孔隙和裂缝。

　　不难看出，玄武岩纤维混凝土在水冻融循环作用下，混凝土基体内部析出少量的针状钙矾石，但数量上明显少于相同冻融次数下的普通混凝土；在水中

(a) 纤维掺量0.1%

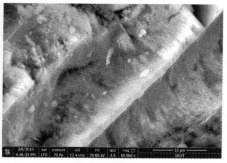
(b) 纤维掺量0.2%

(c) 纤维掺量0.3%

图 2-32　水冻融循环 50 次后玄武岩纤维混凝土界面产物形貌

混凝土基体与纤维界面区均出现圆片状的物质，集中分布在纤维表面和界面区，黏结力降低，形成薄弱区，从而提高了有害孔产生的概率。试验结果表明，掺入玄武岩纤维以后，混凝土的孔隙、坑洞、微裂缝以及生成物质数量明显减少，密实度相对有所提高。不同的冻融介质对混凝土的冻融破坏明显不同。

通过冻融循环试验及扫描电子显微镜试验，可以看出随着冻融循环次数的增加，混凝土微观结构由冻融前水化组织致密、均匀和 C-S-H 凝胶网状结构均匀、致密逐渐变为疏松，晶体钙矾石、$Ca(OH)_2$、孔洞和裂缝数量逐渐增多，混凝土整体结构密实度降低，抗冻性能逐渐降低。玄武岩纤维的掺入，在混凝土搅拌时能够在一定程度上阻碍基体内部空气的溢出，增大了混凝土的含气量，缓解了冻融循环过程中产生的应力；成型后，纤维与混凝土基体黏结较好，缓和了由于冻融产生的应力集中，延迟了微裂缝和孔洞的出现，使其数量减少，抑制微裂缝的发展，起到了很好的阻裂作用。同时，使得生成晶体物质数量减少，C-S-H 凝胶网状结构延迟破坏。宏观上表现为混凝土的质量损失率、动弹性模量、抗压和抗折强度相对普通混凝土下降速度明显缓慢，提高了混凝土的抗冻性能。

但是，过量的玄武岩纤维掺入后，容易在混凝土基体内部结团，分散不均匀，增大了混凝土的孔隙率，使得混凝土的初始强度降低。随着冻融循环次数的增加，混凝土的孔隙率逐渐增大，这就给混凝土基体内部生成物质留有一定的空间，生成物质增加，使得纤维与混凝土基体界面更加薄弱，从而削弱了混凝土的抗冻性能。

参 考 文 献

[1] JGJ 55—2011，普通混凝土配合比设计规程 [S]. 北京：中国建筑工业出版社，2011.

[2] CECS 13：2009，纤维混凝土试验方法标准 [S]. 北京：中国计划出版社，2009.

[3] GB/T 50082—2009，普通混凝土长期性能和耐久性能试验方法标准 [S]. 北京：中国建筑工业出版社，2009.

[4] GB/T 50081—2019，普通混凝土力学性能试验方法标准 [S]. 北京：中国建筑工业出版社，2002.

[5] 金生吉，李忠良，张健，等. 玄武岩纤维混凝土腐蚀条件下抗冻融性能试验研究 [J]. 工程力学，2015，32（5）：178-183.

[6] 洪锦祥，缪昌文，刘加平，等. 冻融损伤混凝土力学性能衰减规律 [J]. 建筑材料学报，2012，15（2）：173-178.

[7] Jin S J，Li Z L，Zhang J，et al. Experimental study on the performance of the basalt fiber concrete resistance to freezing and thawing [J]. Applied Mechanics and Materials，2014，584：1304-1308.

[8] Fan X C，Wu D，Chen H. Experimental research on the freeze-thaw resistance of basalt fiber reinforced concrete [J]. Advanced Materials Research，2014，919：1912-1915.

第 3 章　玄武岩纤维混凝土抗盐冻性能

本章研究使用的试验原材料、试件配合比及制作、纤维掺量、快速冻融试验、单面冻融试验、抗压强度试验、抗折强度试验方法均与第 2 章相同，与第 2 章不同之处在于冻融介质为 3.5%NaCl 溶液。

3.1　基于快速冻融方法的盐冻融后玄武岩纤维混凝土抗冻性

3.1.1　快速盐冻融后玄武岩纤维混凝土试件表面形貌

图 3-1 为玄武岩纤维混凝土试件盐冻融循环前后外观形貌对比照片。表 3-1 所示为不同冻融次数下玄武岩纤维混凝土破坏特征，通过对试件外观形貌观察分析，发现随着纤维掺量的增加，混凝土受盐冻融损坏程度逐渐减弱，表明玄武岩纤维的加入能够改善混凝土抗盐冻性。

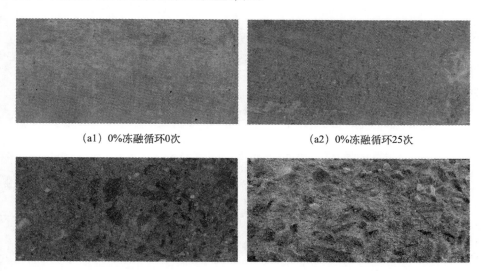

(a1) 0%冻融循环0次　　　　　　　　　(a2) 0%冻融循环25次

(a3) 0%冻融循环50次　　　　　　　　　(a4) 0%冻融循环75次

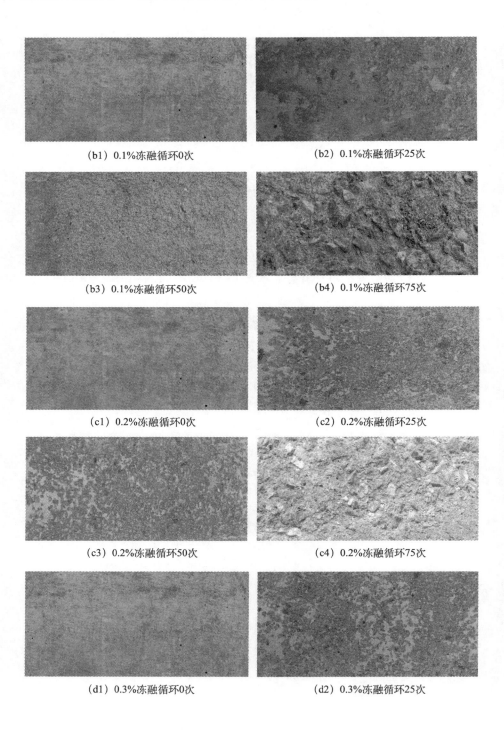

(b1) 0.1%冻融循环0次

(b2) 0.1%冻融循环25次

(b3) 0.1%冻融循环50次

(b4) 0.1%冻融循环75次

(c1) 0.2%冻融循环0次

(c2) 0.2%冻融循环25次

(c3) 0.2%冻融循环50次

(c4) 0.2%冻融循环75次

(d1) 0.3%冻融循环0次

(d2) 0.3%冻融循环25次

(d3) 0.3%冻融循环50次　　　　　　　　(d4) 0.3%冻融循环75次

图 3-1　盐冻融循环前后各组试件外观形貌

表 3-1　玄武岩纤维混凝土盐冻破坏特征

冻融循环次数	纤维掺量/%			
	0.0	0.1	0.2	0.3
0	试件表面光滑，整体完整			
25	水泥砂浆开始剥落，试件表面呈现麻面状			
50	混凝土砂浆大量剥落，粗骨料暴露，表面凹凸不平	砂浆剥落，试件表面凹凸不平	少量砂浆剥落，外观完整性好	
75	大量粗骨料掉落，试件完整性差，破坏严重		大量砂浆剥落，表面凹凸不平，粗骨料暴露	

3.1.2　快速盐冻融后玄武岩纤维混凝土质量损失

　　盐冻循环后玄武岩纤维混凝土试件的质量损失率如表 3-2、图 3-2 所示。分析图中曲线可以看出，同一纤维掺量条件下，随着冻融次数的增加，试件质量损失率不断增加。未掺入玄武岩纤维的混凝土试件，在盐冻融循环 75 次时质量损失率最大，达到 13.14%；玄武岩纤维掺量为 0.1% 的试件，盐冻融循环 75 次时质量损失率为 9.10%；玄武岩纤维掺量分别为 0.2% 和 0.3% 的试件冻融循环 75 次后，质量损失率仍在 5% 以下。随着纤维掺量的增加，试件质量损失率不断降低，75 次冻融循环后，未掺加纤维的质量损失率是掺有纤维 0.3% 的 4.4 倍。掺入玄武岩纤维对质量损失率的影响明显，这是由于，掺入较多的纤维后，分布均匀乱向的玄武岩纤维在混凝土中彼此相黏连，起到承托骨料的作用，降低了试件表面析水与集料的离析，阻碍了试件表面混凝土脱落[1]。

　　与未掺入玄武岩纤维的混凝土试件比较，掺入玄武岩纤维的试件抗盐冻性能较好，能降低混凝土质量损失率。其中，玄武岩纤维掺量分别为 0.2% 和 0.3% 的试件，质量损失率较小。对于纤维掺量为 0.3% 的混凝土试件，质量出现先增长后降低的趋势。在 25 次冻融循环后，质量损失率呈现负值，此时玄武岩混凝土质量增加，其原因是，盐冻初期需要吸水至饱和，此时吸水量大于盐冻时试件的剥蚀量，所以玄武岩纤维混凝土质量增加，增加值较小，仅为 0.122%。随着冻融循环次数的增加，试件表面剥落物明显增多，玄武岩纤维混凝土质量出现下降趋势。

表 3-2　不同盐冻循环次数后质量损失率　　　　　（单位：%）

冻融循环次数	纤维掺量			
	0.0	0.1	0.2	0.3
0	0.000	0.000	0.000	0.000
25	0.579	0.231	0.153	−0.122
50	3.28	2.657	0.844	0.357
75	13.14	9.10	4.135	2.978

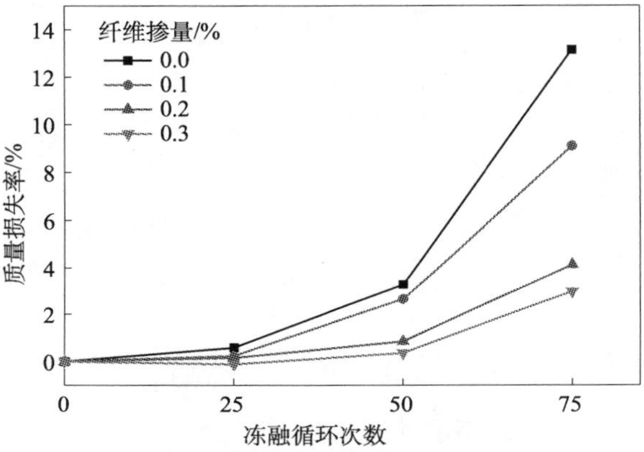

图 3-2　玄武岩纤维掺量与质量损失率的关系

3.1.3　快速盐冻融后玄武岩纤维混凝土相对动弹性模量

　　盐冻融循环后玄武岩纤维混凝土试件的相对动弹性模量如表 3-3、图 3-3 所示。分析图中曲线可以看出：随着冻融循环次数的增加，试件相对动弹性模量均出现不同程度的下降。通过对比图 3-3 曲线下降趋势发现，未掺入玄武岩纤维的混凝土试件呈直线下降，斜率最大，相对动弹性模量下降最快；纤维掺量为 0.3% 的试件，下降趋势呈抛物线，斜率最小，相对动弹性模量下降最慢。随着纤维掺量的增加，盐冻融对相对动弹性模量影响作用减弱。75 次冻融循环后，未掺玄武岩纤维的混凝土相对动弹性模量仅为 48.57%，超过了快速冻融试验停止的条件（相对动弹性模量 60%）[2]；掺入玄武岩纤维的试件冻融循环 75 次后，相对动弹性模量均比不掺纤维的试件要高得多（其中，掺量分别为 0.2% 与 0.3% 试件的相对动弹性模量均高于 60%），均在 60% 以下。说明掺入玄武岩纤维的试件抗盐冻性能较好，可减缓混凝土内部损伤。

表 3-3　不同盐冻融循环次数后相对动弹性模量　　（单位：%）

冻融循环次数	纤维掺量			
	0.0	0.1	0.2	0.3
0	100.00	100.00	100.00	100.00
25	78.34	88.61	93.92	98.02
50	63.66	66.65	75.03	86.53
75	48.57	51.35	62.63	78.54

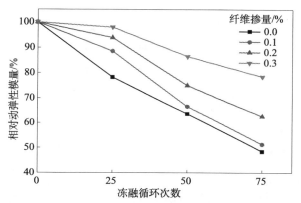

图 3-3　玄武岩纤维掺量与相对动弹性模量的关系

　　玄武岩纤维混凝土 75 次盐冻融循环与质量损失率、相对动弹性模量、损伤度关系如表 3-4 所示。损伤度的定义及计算公式见式（2-12）。比较表 3-4 中数据结果可以看出，随着玄武岩纤维掺量的增加，混凝土的损伤度逐渐减小。普通混凝土在 75 次冻融循环作用后损伤度为 0.51，玄武岩纤维掺量 0.3% 的试件 75 次冻融循环作用后损伤度为 0.21。表明玄武岩纤维对试件的抗盐冻性能有明显的改善作用。

表 3-4　玄武岩纤维混凝土盐冻融破坏时性能指标

纤维掺量/%	冻融循环次数	质量损失率/%	相对动弹性模量/%	损伤度 D
0.0	75	13.14	48.57	0.51
0.1	75	9.10	51.35	0.49
0.2	75	4.135	62.63	0.37
0.3	75	2.978	78.54	0.21

　　图 3-4 为盐冻融循环次数与损伤度关系曲线，从图中曲线走势可以看出，随着冻融循环次数的增加，各组纤维掺量下的混凝土损伤度均增加，各组试件增加程度成正比。其中未掺玄武岩纤维的混凝土损伤度增加幅度最快，增加幅度最慢的是纤维掺量为 0.3% 的混凝土试件。冻融循环对普通混凝土损伤程度最大，对 0.3% 纤维掺量的混凝土损伤程度最小，表明玄武岩纤维的掺入能够

有效提高混凝土的抗盐冻性能。

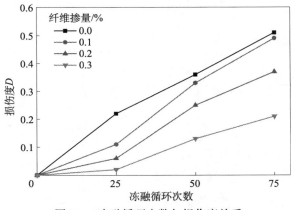

图 3-4　冻融循环次数与损伤度关系

3.1.4　快速盐冻融后玄武岩纤维混凝土抗压强度

表 3-5 为盐冻融循环后玄武岩纤维混凝土抗压强度试验值。从表中试验数据可以看出，各组试件抗压强度均随着冻融循环次数的增加出现不同程度的降低。其中，未掺玄武岩纤维的混凝土在 75 次冻融循环后，强度损失率下降最快，达到 86.77%，抗冻性能最差；玄武岩纤维掺量为 0.3% 的试件，75 次冻融循环后，强度损失率最小，为 77.38%，抗冻性能最优。通过对比强度损失率发现，随着玄武岩纤维掺量的增加，混凝土试件强度损失率逐渐降低。试验结果表明：冻融循环次数对玄武岩纤维混凝土抗压强度影响明显，抗压强度均表现出下降趋势；玄武岩纤维的加入能够提高混凝土抗盐冻性能。

表 3-5　盐冻融循环后试件抗压强度

纤维掺量/%	冻融循环次数	抗压强度	冻融循环 75 次强度损失率/%
0.0	0	50.05	86.77
	25	46.46	
	50	30.65	
	75	6.62	
0.1	0	45.13	67.38
	25	39.82	
	50	26.47	
	75	14.72	
0.2	0	47.04	74.06
	25	41.94	
	50	20.99	
	75	12.20	

续表

纤维掺量/%	冻融循环次数	抗压强度	冻融循环75次强度损失率/%
	0	42.74	
0.3	25	47.5	71.64
	50	27.77	
	75	12.12	

3.1.5　快速盐冻融后玄武岩纤维混凝土单轴受压应力-应变曲线

观察盐冻融条件下玄武岩纤维混凝土应力-应变曲线图 3-5（a）～（c）发现，玄武岩纤维掺量一定时，随着冻融循环次数的增加，试件内部出现损伤，峰值点相对于坐标轴下降和右移，表明试件强度和弹性模量下降，应变增大，曲线逐渐向扁平趋势发展。这是由于，冻融循环造成混凝土内部孔隙率增加，材料刚度下降，延性增加[3]。由玄武岩纤维掺量为 0.3% 的应力-应变曲线（d）发现，冻融损伤初期，峰值点相对于坐标轴上升和左移，表明试样强度和弹性模量有所提高，应变变小；随着冻融循环次数的增加，峰值点应力明显下降，峰值点应变右移，弹性模量降低，曲线逐渐向扁平趋势发展。

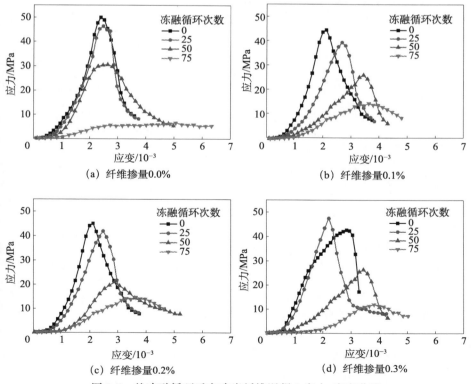

（a）纤维掺量0.0%　　　　　　（b）纤维掺量0.1%

（c）纤维掺量0.2%　　　　　　（d）纤维掺量0.3%

图 3-5　盐冻融循环后玄武岩纤维混凝土应力-应变曲线

3.1.6 快速盐冻融后玄武岩纤维混凝土抗折强度

从盐冻融前后玄武岩纤维混凝土抗折强度数据表 3-6 分析可知，随着冻融循环次数的增加，各组试件抗折强度均表现出下降趋势，而同一冻融循环条件下，抗折强度随着玄武岩纤维掺量的减小而降低。观察抗折试验现象发现，普通混凝土在加载过程中表现为脆性破坏，断裂面比较平整，而加入玄武岩纤维后，混凝土在加载过程中呈现一定的塑性，随着纤维掺量的增加，塑性现象越来越明显，破坏面也凹凸不平。从破坏过程能量耗散角度分析可知：混凝土在抗折强度作用下，试件承受拉应力作用，普通混凝土依靠骨料之间的摩擦力和黏结力来耗能，试件开裂将会迅速破坏；掺入玄武岩纤维的混凝土除了基体之间相互作用产生耗能作用，纤维自身也能承担一部分能量，这样在混凝土试件开裂以后会表现出一定的塑性破坏。由于两部分能量的叠加，掺入玄武岩纤维的混凝土抗折强度得到了提高。纤维自身耗能主要表现在两个方面：①纤维与基体之间的咬合力不足，在拉应力作用下会发生相对位移，纤维脱离混凝土黏连做功；②纤维与基体黏结力大于纤维本身抗拉强度，在拉应力作用下纤维被拉断做功[4]。

表 3-6　盐冻融循环后试件抗折强度

纤维掺量/%	冻融循环次数	抗折强度	冻融循环 75 次强度损失率/%
0.0	0	3.95	98.73%
	25	1.37	
	50	0.43	
	75	0.05	
0.1	0	4.18	96.89%
	25	1.70	
	50	0.95	
	75	0.13	
0.2	0	4.35	94.02%
	25	1.7	
	50	1.02	
	75	0.26	
0.3	0	4.74	90.08%
	25	4.83	
	50	1.08	
	75	0.47	

3.2　水与盐冻融循环后混凝土损伤对比分析

3.2.1　水冻融与盐冻融对混凝土外观形貌的影响

图 3-6、图 3-7 分别为未掺玄武岩纤维混凝土在水冻、盐冻条件下 0～75 次

冻融循环后的外观形貌，表 3-7 为水冻与盐冻对混凝土冻融损伤破坏特征对比，通过对试件外观形貌观察分析发现，随着冻融循环次数的增加，混凝土受冻融损坏程度逐渐加重，而且盐冻对混凝土外观形貌破坏程度要大于水冻。

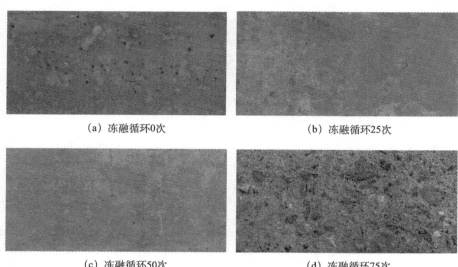

（a）冻融循环0次　　　　　　　　　　（b）冻融循环25次

（c）冻融循环50次　　　　　　　　　　（d）冻融循环75次

图 3-6　水冻融条件下 0～75 次普通混凝土外观形貌特征

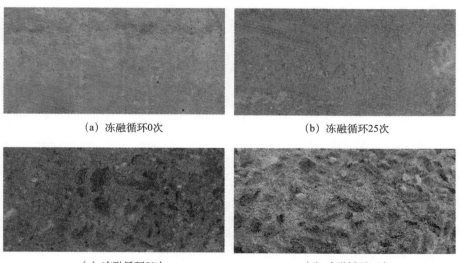

（a）冻融循环0次　　　　　　　　　　（b）冻融循环25次

（c）冻融循环50次　　　　　　　　　　（d）冻融循环75次

图 3-7　盐冻融条件下 0～75 次普通混凝土外观形貌特征

表 3-7　水冻融与盐冻融条件下普通混凝土冻融损伤破坏特征对比

冻融循环次数	水冻融	盐冻融
0	试件表面光滑，整体完整，图 3-6（a），图 3-7（a）	
25	试件外观没有变化，表面完整，图 3-6（b）	水泥砂浆开始剥落，试件表面呈现麻面状，图 3-7（b）
50	水泥砂浆少量剥落，图 3-6（c）	混凝土砂浆大量剥落，粗骨料暴露，表面凹凸不平，图 3-7（c）
75	大量砂浆剥落，粗骨料暴露，图 3-6（d）	大量粗骨料掉落，试件完整性差，破坏严重，图 3-7（d）

3.2.2　水冻融与盐冻融对质量损失率和相对动弹性模量的影响

图 3-8 为水冻融与盐冻融条件下混凝土质量损失率和相对动弹性模量对比图。冻融循环过程中混凝土质量变化主要由两方面决定：①冻融循环过程中混凝土吸水引起质量增加；②冻融循环使试件表面剥落引起质量减少；两者叠加即为冻融循环中混凝土的质量变化。对比图 3-8（a）中柱状图走势可以看出，随着冻融循环次数增加，混凝土质量损失率均增大。表明对于两种冻融介质，在冻融过程中剥落量大于吸水量，且随着冻融循环次数的增加，这种程度愈加明显。同一冻融循环次数下，盐冻导致混凝土的剥蚀量要大于水冻，并随着冻融循环次数的增加而增大。

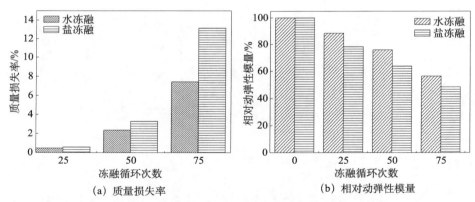

(a) 质量损失率　　　　　　　(b) 相对动弹性模量

图 3-8　水冻融与盐冻融条件下混凝土质量损失率和相对动弹性模量

相对动弹性模量表征冻融循环对混凝土内部的损伤程度，当混凝土由冻融作用导致内部裂缝产生并拓展，其相对动弹性模量就会下降。对比图 3-8（b）中柱状图走势可以看出，随着冻融循环次数的增加，两种冻融介质下混凝土相对动弹性模量均降低。同一冻融循环次数下，盐冻融导致的混凝土内部损伤程度大于水冻融。

3.2.3　水冻融与盐冻融对损伤度的影响

图 3-9 为水冻融与盐冻融条件下普通混凝土损伤度，从图中曲线走势可以看出，水冻融与盐冻融条件下普通混凝土损伤度均随着冻融循环次数的增加而增大，并且盐冻融对于普通混凝土的损伤程度要大于水冻融，原因在于：冻融循环作用对混凝土的损伤由静水压和渗透压两部分构成，在外部温度降低过程中，混凝土内部孔隙中气体压力随之减小、水和溶液冷缩引起负压，在毛细作用下使混凝土从外部冻融介质中吸收水或溶液，吸收量取决于混凝土内部微观孔隙结构和冻融介质的性质。由于混凝土表层水饱和系数较高，内部水饱和系数低，所以形成含水梯度，冻结由表向内发生[5,6]。

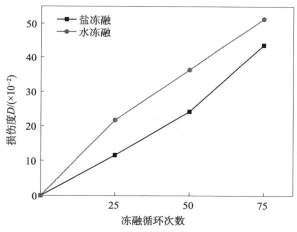

图 3-9　水冻融与盐冻融条件下普通混凝土损伤度

在冻结初期，混凝土表层孔隙首先结冰，体积膨胀，隔断外界与混凝土内部孔隙的联系。在渗透压的作用下，混凝土内部孔隙中的未冻结水向表层已结冰的孔隙内迁移，造成表层大孔隙的饱水程度提高。当饱水程度逐渐增大至临界饱和度时，水的冻结对混凝土产生膨胀压力，膨胀压力的产生一方面使表层混凝土产生微裂纹，增大了融化时的吸水率，冻融循环反复作用，使得表层混凝土产生的微裂纹不断扩展，甚至造成砂浆层碎裂、脱落；另一方面，膨胀压力将驱使未结冰的水向混凝土内部的孔隙迁移，混凝土内部的孔隙饱水程度也将逐渐增大，重复以上表层的破坏过程。因此，混凝土的冻融破坏是混凝土表层饱水程度随着冻融循环的进行逐渐增大，表层水饱和区域逐渐向混凝土内部推进并伴随着表层混凝土砂浆层剥落的过程。表层水饱和区域的深入、水饱和系数的提高，最终导致内部损伤的加剧。混凝土盐冻融破坏与水冻融破坏类似，但更为复杂。3.5％NaCl 溶液使混凝土表层饱水程度提高，混凝土在冻融循环过程中受到更大的静水压力，这是产生盐冻融剥蚀的主要原因。此外，由于 NaCl 溶液所产生的浓度差要大于水中冻融时，所以在 NaCl 溶液中混凝土损伤更为严重，抗冻性降低。

3.3 基于单面冻融方法的盐冻融后玄武岩纤维混凝土抗冻性

3.3.1 单面盐冻融后玄武岩纤维混凝土试件表面形貌

在单面冻融试验方案设计中，每 8 次冻融循环后对混凝土试件进行数据采集，64 次冻融循环后结束试验。本节对不同纤维掺量，冻融循环次数分别为 0、16、32、48、64 的混凝土试件表观形貌图进行对比分析。试件在盐冻融循环后的表观形貌如图 3-10 所示，盐冻融环境下，观察试件表面剥蚀情况较为明显，盐冻融环境下的试件表面呈片状剥蚀，剥蚀面积较大。不同玄武岩纤维掺量的混凝土试件表面腐蚀程度表现为：不掺纤维的试件＞0.1％纤维掺量的试件＞0.3％纤维掺量的试件＞0.2％纤维掺量的试件，说明玄武岩纤维可以改善混凝土盐冻融剥蚀程度，这是因为纤维的拉结作用对冻胀力的抵抗效果。

 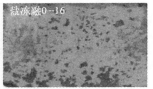

（a1）纤维掺量0%冻融循环0次　　（a2）纤维掺量0%冻融循环16次

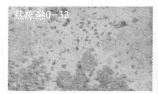  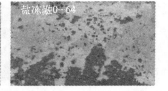

（a3）纤维掺量0%冻融循环32次　（a4）纤维掺量0%冻融循环48次　（a5）纤维掺量0%冻融循环64次

（b1）纤维掺量0.1%冻融循环0次　（b2）纤维掺量0.1%冻融循环16次

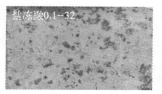 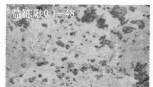 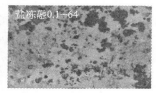

（b3）纤维掺量0.1%冻融循环32次　（b4）纤维掺量0.1%冻融循环48次　（b5）纤维掺量0.1%冻融循环16次

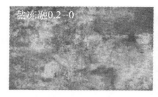 

（c1）纤维掺量0.2%冻融循环0次　　（c2）纤维掺量0.2%冻融循环16次

（c3）纤维掺量0.2%冻融循环32次　（c4）纤维掺量0.2%冻融循环48次　（c5）纤维掺量0.2%冻融循环64次

（d1）纤维掺量0.3%冻融循环0次　　（d2）纤维掺量0.3%冻融循环16次

  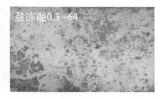

（d3）纤维掺量0.3%冻融循环32次　（d4）纤维掺量0.3%冻融循环48次　（d5）纤维掺量0.3%冻融循环64次

图 3-10　盐冻融循环后试件的表观形貌图

3.3.2　单面盐冻融后玄武岩纤维混凝土质量损失

混凝土的抗冻耐久性能通常用相对动弹性模量的变化，以及试件单位面积的质量损失率或累计质量损失来评价，经过盐冻融循环后玄武岩纤维混凝土累计质量损失如图 3-11 所示。盐冻融对试件表面剥蚀程度较高，四种纤维掺量的试件在 64 次冻融循环后的累计质量损失均高于 5g。盐冻融介质下试件累计质量损失程度不同的原因在于，盐溶液进入试件表层后，其表面水泥浆体剥落除受结冰压、蒸汽压影响外，试件表层内部孔隙结构中还会有盐结晶所产生的结晶压，进一步加剧试件表面水泥浆体的剥落，且盐晶体随冻融循环次数的增加有生长趋势，结晶压相应增长。

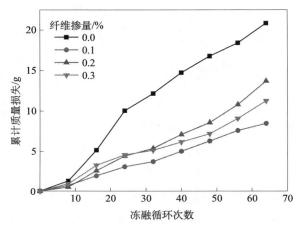

图 3-11　单面盐冻融后玄武岩纤维混凝土累计质量损失

　　由盐冻融环境的质量损失图 3-11 可知，不掺纤维的混凝土试件表面剥蚀量最大，且随冻融循环次数增加，其质量损失的幅度越来越大。在盐溶液中，自 8 次冻融循环开始，不掺纤维的混凝土试件的累计质量损失幅度急剧增加，且相同冻融循环次数下与其他纤维掺量的试件质量损失之差呈线性增长；其他三种纤维掺量的累计质量损失随冻融循环次数发展较为平缓。说明纤维的黏结作用可延缓混凝土损伤劣化速度，在冻融循环过程中发挥了明显的抗冻优势。

3.3.3　单面盐冻融后玄武岩纤维混凝土相对动弹性模量

　　相对动弹性模量变化如图 3-12 所示，试件在盐冻融环境中相对动弹性模量下降较快，盐冻环境中不掺纤维的混凝土试件相对动弹性模量下降幅度与其他三种纤维掺量混凝土试件相比较大。不掺纤维的混凝土试件在 64 次冻融循环后相对动弹性模量下降至 86%，其他三种纤维掺量试件的相对动弹性模量均在 91%～94%。这说明玄武岩纤维对盐冻融环境下混凝土的相对动弹性模量有一定的提升作用，其根本原因是，纤维与水泥浆体的黏结力与冻融过程中所产生的冻胀力相抵消，阻挡了水泥浆体中微裂缝的产生和发展。

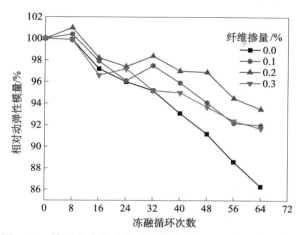

图 3-12　单面盐冻融后玄武岩纤维混凝土相对动弹性模量

3.3.4　单面盐冻融后玄武岩纤维混凝土抗压强度

　　玄武岩纤维混凝土试件在盐溶液冻融环境下，经相应冻融循环次数后的抗压强度值如表 3-8 所示。在盐冻融环境中，玄武岩纤维混凝土强度随冻融循环次数的关系如图 3-13 所示，混凝土抗压强度随冻融循环次数的增加呈线性下降趋势，且直线拟合的相关度均在 0.88 以上。拟合直线的平缓度可较好地反映玄武岩纤维对混凝土抗压强度的贡献程度，直线越平缓，说明纤维和水泥基体的黏结性能越好，其黏结能够抵抗由冻融作用产生的膨胀应力以及温度疲劳应力的共同作用。比较拟合直线的斜率发现，盐冻环境下各纤维掺量的拟合直线平缓度为 0.2%＞0.3%＞0.1%＞0%。对比纤维混凝土试件在 0~64 次冻融循环后的抗压强度可知，掺入玄武岩纤维的混凝土试件抗压强度始终高于不掺纤维的混凝土试件。在冻融过程中，当混凝土内部各相材料或水泥浆体自身的黏结力低于冻融作用力时，混凝土沿着易出现应力集中的劣化孔隙开始出现微裂缝，而跨裂缝纤维将继续牵拉两端混凝土，延缓裂缝发展，使纤维混凝土在冻融后依然有较好的抗压强度。

表 3-8　盐冻融条件下抗压强度值　　　　　　　（单位：MPa）

纤维掺量/%	冻融循环次数				
	0	16	32	48	64
0	58.62	58.09	56.02	53.41	48.85
0.1	59.64	58.47	56.37	53.75	52.44
0.2	60.42	59.87	58.27	56.62	55.92
0.3	60.76	59.94	58.87	57.6	54.33

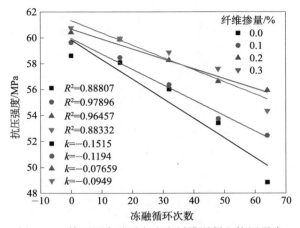

图 3-13　单面盐冻融后玄武岩纤维混凝土抗压强度

图 3-14 为玄武岩纤维混凝土抗压强度损失率与纤维掺量的关系，由图可知，盐冻融环境中，16 次冻融循环后的混凝土抗压强度损失率均在 2% 以下，这是因为，16 次冻融循环之前是冻融介质由表及里逐步进入混凝土内部的初始阶段，也是混凝土表层的孔隙结构劣化的初始阶段。自 32 次冻融循环开始，混凝土抗压强度损失率增加趋势较为显著，且盐冻环境的强度损失率高于水冻环境。在盐冻融环境中，除了结冰压和温度疲劳应力外，还有进入试件内部的盐溶液因浓度差驱使溶液流动而产生渗透压，以及混凝土内部孔隙中盐溶液晶体析出和晶体生长产生的结晶压，造成盐冻融环境中的试件强度损失率高于水冻融环境[7]。

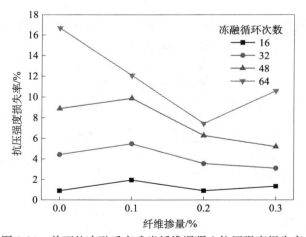

图 3-14　单面盐冻融后玄武岩纤维混凝土抗压强度损失率

由图 3-14 亦可知，盐冻环境中的试件在 48 次冻融循环之前，混凝土抗压强度损失率随纤维掺量增加无明显变化，在 64 次冻融循环后，混凝土抗压强度损失率随纤维掺量增加呈现出先下降后上升的趋势。其中，0.2% 纤维掺量的混凝土抗压强度损失率最小，这是因为纤维体积掺量高于 0.2% 时，混凝土试件在制作成型过程中出现了结团现象，所以纤维在混凝土试件内部无法均匀分布，纤维无法起到桥接作用，混凝土抗压强度损失率上升。

3.4　基于 SEM 盐冻融后玄武岩纤维混凝土微观形貌

试验设备及方法见 2.4.1 节。SEM 观测试件为盐冻融后玄武岩纤维混凝土。

3.4.1　盐冻融循环前后未掺玄武岩纤维混凝土形貌

图 3-15 为未掺玄武岩纤维混凝土在不同盐冻融循环次数前后的电镜扫描图片。从图 3-15（a）中可以看出，在冻融前，未掺玄武岩纤维混凝土各水化产物相互胶结形成连续相，整体结构比较均匀密实，没有微裂缝产生，水化产物 C-S-H 凝胶与 Ca(OH)$_2$ 形成整体，紧紧地包裹着骨料，水泥石水化较完整。在 3.5% NaCl 溶液里的未掺玄武岩纤维混凝土试件经冻融循环 25 次后（图 3-15（b）），试样的结构明显变得疏松，许多单独颗粒浮在试样的表面，呈现松散状态，微裂缝相互贯通且到处可见。腐蚀程度远远高于相同冻融次数的水冻（图 2-26（a））。其原因在于，混凝土内部毛细孔壁不仅承受内部压力，还承受渗透压力。当作用力超过混凝土的抗拉强度时，混凝土开裂，这时 NaCl 在此过程中存在结晶现象，于是产生了结晶力，无疑加速了混凝土的破坏；当冻融循环 50 次后（图 3-15（c）），试样的孔隙数量明显增多且微裂缝的宽度加大，水泥石表面出现大量的孔洞，粗骨料与水化产物凝胶黏结力降低，界面区已分离，网状结构的水化产物 C-S-H 凝胶开始破坏，由整体变为单个的小颗粒，逐渐向疏松状态过渡。其原因为：随着冻融循环次数的累积，盐水通过混凝土本身空隙逐步渗入材料内部，并结晶膨胀，由大孔向微孔迁移，于是孔隙的数量和孔径都增大，使得石子与水泥浆黏结力降低，出现坑洞与裂缝现象；当到达循环 75 次时（图 3-15（d）），水化物组织结构出现明显的疏松现象，水泥浆表面到处都是坑洞且数量增多，水泥石表面出现大量的孔隙和微裂缝，C-S-H 凝胶网状结构严重破损，骨料与水化产物黏结变得松弛，裂缝进一步扩展，密实程度下降，水泥石破坏严重。其中，水泥浆与石子界面之间的白色小颗粒物质增多，其可能为 NaCl 结晶体和钙矾石结晶物。

可以看出，随着冻融循环次数增加，混凝土微观结构由原致密状态向疏松

（a）盐冻融循环0次后NC的形貌 （b）盐冻融循环25次后NC的形貌

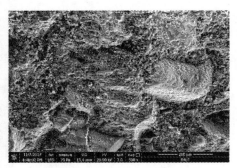

（c）盐冻融循环50次后NC的形貌 （d）盐冻融循环75次后NC的形貌

图 3-15 不同盐冻融循环次数下未掺玄武岩纤维混凝土的 SEM 形貌

逐渐过渡，混凝土表面孔隙和微裂缝数量增多、宽度变宽，而且逐渐相互贯通，密实度降低。宏观上，表现为质量损失逐渐增长和动弹性模量下降。

图 3-16 为混凝土盐冻融 50 次（5000 倍）和 75 次（10000 倍）后的 SEM 图，从图 3-16（a）中可以看出，混凝土表面整体疏松，水化物组织结构呈现不连续状态，水化产物 C-S-H 凝胶体相互分离成均匀的小颗粒，原有的整体结

（a）盐冻融循环50次后NC的形貌 （b）盐冻融循环75次后NC的形貌

图 3-16 盐冻融循环 50 次和 75 次下混凝土的内部产物形貌

构被严重地破坏，密实程度下降，并且在水泥浆整个表面伴有均匀分散的针状物质，且大部分集中在孔隙中，结合图 3-17 所示的能谱分析，其物质主要元素为 Ca、O、Si、Al、C、S，可推断此物质为碳酸钙晶体和钙矾石[8]；随冻融次数的增加，图 3-16（b）中的混凝土试样孔隙增多，裂缝宽度增大，C-S-H 凝胶结构呈现网状结构，松散程度加大，针状物质数量增多，并且针状物质较多地分布在孔隙和裂缝中，并有成簇的倾向，损伤程度明显高于图 3-16（a）。

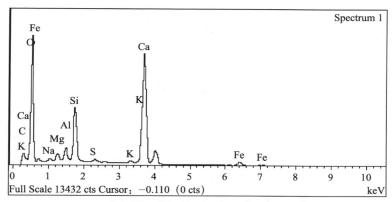

图 3-17　盐冻融循环 75 次混凝土表层能谱分析图

3.4.2　盐冻融循环前后玄武岩纤维混凝土微观形貌

图 3-18 为盐冻融循环 25 次后玄武岩纤维混凝土的微观形貌。从玄武岩纤维掺量 0.2% 的图（b）可以看出，C-S-H 凝胶结构局部出现网状结构，骨料与水化物黏结力减弱，水泥石整体结构较为疏松，局部出现互相贯通的微裂缝，纤维与混凝土基体黏结界面区域出现裂缝，其黏结力降低；而图（c）玄武岩纤维掺量 0.3% 时，混凝土结构致密，$Ca(OH)_2$ 晶体与凝胶较好地结合在一起，且乱向分布的纤维与混凝土基体黏结性好，界面之间没有出现微裂缝，冻融损伤程度较低。说明随着玄武岩纤维掺量的增加，纤维对混凝土基体的增韧效果增强，对混凝土微裂缝的产生和开展起到抑制作用。

玄武岩纤维混凝土在 3.5% NaCl 溶液中冻融循环 50 次后的微观形貌见图 3-19。图（a）纤维掺量 0.1% 时，混凝土表面出现大量的孔隙和坑洞，一条贯通的裂缝横穿于整个试件表面。水化物质互相分离，黏结性较差。纤维与混凝土界面出现裂缝，黏结力降低。C-S-H 凝胶被分离成单独的小颗粒，整体结构较为疏松，密实程度较冻融前降低很大。图（b）纤维掺量 0.2% 时，水化产物致密均匀，与纤维能较好地黏结在一起，试件表面出现少量的孔隙，微裂缝只出现在水化物与石子界面区域。可以说明，冻融产生破坏时，最先破坏的区

（a）纤维掺量0.1%

（b）纤维掺量0.2%

（c）纤维掺量0.3%

图 3-18　盐冻融循环 25 次后玄武岩纤维混凝土的微观形貌

域为石子表面。因为通常情况下，石子本身的孔隙率要大于外部的混凝土，而且在搅拌时，石子由于自身重力较大，将沉在试件的下底面，接近试件表面，所以微裂缝最先产生区域为石子界面。从整体结构来看，密实程度优于图（a）。图（c）纤维掺量 0.3%，由于玄武岩纤维掺量的增加，混凝土内部存在大量的纤维，纤维排列方向基本一致，间距极小，纤维包裹在混凝土基体里，与混凝土基体黏结较好，混凝土水化产物致密、均匀。三种掺量微观结构图中，最密实、耐久性最好的是纤维掺量 0.2%。

　　通过试验研究和分析可以得出：玄武岩纤维的掺入，使混凝土的裂缝数量减少，宽度减小，互相贯通裂缝出现不明显，缓解裂缝尖端应力，抗冻性能优于普通混凝土。但过多的玄武岩纤维掺入，增大了混凝土孔隙数量和出现概率，使混凝土致密的水化物组织结构变得疏松，减弱了玄武岩纤维增韧、增强和阻裂作用，从而导致混凝土强度降低，纤维对混凝土抗冻性能的改善作用减弱。

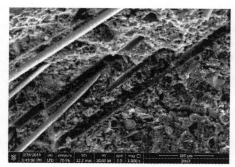
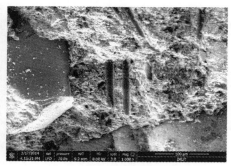

(a) 纤维掺量0.1%　　　　　　　　　　　　(b) 纤维掺量0.2%

(c) 纤维掺量0.3%

图 3-19　盐冻融循环 50 次后玄武岩纤维混凝土的微观形貌

3.4.3　盐冻融循环后玄武岩纤维混凝土基体/纤维界面微观形貌

图 3-20 为玄武岩纤维混凝土在 3.5%NaCl 溶液里冻融循环 25 次后，混凝土基体/纤维界面上的产物形貌。图 (a) 纤维掺量 0.1%时，由于混凝土结合更多的水，C-S-H 凝胶物质体积增大，组织结构呈现块状，混凝土孔洞中充满了针状物质钙矾石结晶物，槽壁内侧同样出现形状规则的白色小颗粒，均匀地分布在槽壁的内侧；图 (b) 纤维掺量 0.2%时，同样能够看到少量的针状物质钙矾石，主要集中在孔隙当中，经局部放大 20000 倍后观测（图 3-20 (c)），槽壁内侧出现鳞状的圆形物质，均匀地分布在纤维与混凝土基体界面处；图 (b) 中，鳞状的圆形物质相对于图 (d)，数量上明显减小，C-S-H 凝胶结构完整，未发生破坏。

而在盐冻融循环 50 次后，玄武岩纤维混凝土微观结构内部产物却呈现另一种现象，如图 3-21 所示。图 (a) 纤维掺量 0.1%时，混凝土整个表面都析出针棒状钙矾石结晶体，不同于水中的是，该物质底端聚在一起，上端呈现放射状，数量上较少，分散于混凝土的整个表面，局部已有少量结晶体成簇。随

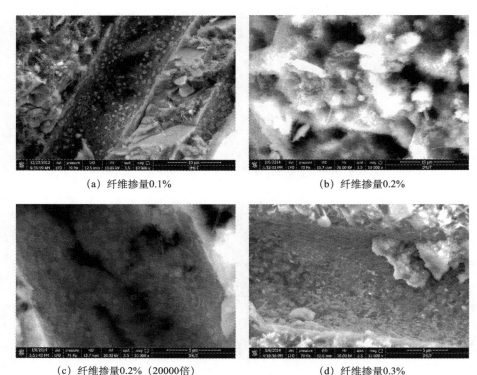

(a) 纤维掺量0.1%　　　　　　　　　(b) 纤维掺量0.2%

(c) 纤维掺量0.2%（20000倍）　　　　(d) 纤维掺量0.3%

图 3-20　盐冻融循环 25 次后玄武岩纤维混凝土界面产物的微观形貌

着饱和度的增大，C-S-H 凝胶体结合水的能力逐渐增强，组织结构变得疏松。玄武岩纤维与混凝土黏结界面区存在圆片状物质，布满整个槽壁，因此纤维与混凝土的黏结性能极大地受到阻碍。图（b）纤维掺量 0.2％时，同样能够在槽壁里看到圆片状物质，分散比较均匀，直径较图（a）大，数量上较图（a）少，而在槽壁以外，未见该物质。同样能够发现，在混凝土孔隙中只有少量的针棒状钙矾石结晶物析出，单独存在，并没有形成晶簇。图（c）纤维掺量 0.3％时，鳞状圆形物质再次出现在纤维与混凝土界面区，分布比较均匀，粒径大小均匀，形状规则，数量上最少，而在槽壁以外，未见该物质。由此可见，鳞状圆形物质主要存在于纤维与混凝土界面区，可能是纤维与混凝土基体水化物的结合产物，还有可能为冻融介质、纤维和混凝土三者的结合产物。

　　试验结果表明，掺入玄武岩纤维以后，混凝土的孔隙、坑洞、微裂缝以及生成物质数量明显减少，密实度相对有所提高。不同的冻融介质对混凝土的冻融破坏明显不同。

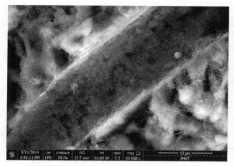
（a）纤维掺量0.1%

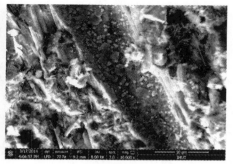
（b）纤维掺量0.2%

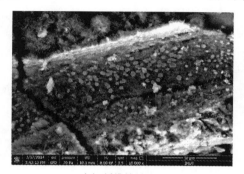
（c）纤维掺量0.3%

图 3-21　盐冻融循环 50 次后玄武岩纤维混凝土的界面产物形貌

3.4.4　玄武岩纤维混凝土微观结构分析

通过冻融循环试验及扫描电子显微镜试验可以看出，随着冻融循环次数的增加，混凝土微观结构由冻融前水化组织致密、均匀，C-S-H 凝胶网状结构均匀、致密，逐渐变为疏松，晶体钙矾石、$Ca(OH)_2$、孔洞和裂缝数量逐渐增多，混凝土整体结构密实度降低，抗冻性能逐渐降低。玄武岩纤维的掺入，在混凝土搅拌时能够一定程度上阻碍基体内部空气的溢出，增大了混凝土的含气量，缓解了冻融循环过程中产生的压力；成型后，纤维与混凝土基体黏结较好，使冻融产生的应力集中得到了缓和，延迟了微裂缝和孔洞的出现，使其数量减少，起到了很好的阻裂作用。同时，使得生成的晶体物质数量减少，C-S-H 凝胶网状结构延迟破坏。宏观上表现为混凝土的质量损失率、动弹性模量、抗压和抗折强度相对普通混凝土下降速度明显缓慢，提高了混凝土的抗冻性能。

但是，过量的玄武岩纤维掺入后，容易在混凝土基体内部结团，分散不均匀，增大了混凝土的孔隙率，使得混凝土的初始强度降低。随着冻融循环次数增加，混凝土的孔隙率逐渐增大，这就给混凝土基体内部生成物质留有一定的空间，生成物质增加，使得纤维与混凝土基体界面更加薄弱，从而削弱了混凝土的抗冻性能。

参 考 文 献

[1] 金生吉，李忠良，张健，等 . 玄武岩纤维混凝土腐蚀条件下抗冻融性能试验研究 [J]. 工程力学，2015，32（5）：178-183.

[2] GB/T 50082—2009. 普通混凝土长期性能和耐久性能试验方法标准 [S]. 北京：中国建筑工业出版社，2009.

[3] 朱华军 . 玄武岩纤维混凝土耐久性能试验研究 [D]. 武汉：武汉理工大学，2009.

[4] 刘子心 . 玄武岩纤维增强混凝土抗冻融性能试验研究 [D]. 沈阳：沈阳工业大学，2014.

[5] 齐桂华 . 玄武岩纤维增强混凝土的抗冻性试验研究 [D]. 长春：吉林大学，2016，4.

[6] Jin S J，Li Z L，Zhang J，et al. Experimental study on the performance of the basalt fiber concrete resistance to freezing and thawing [J]. Applied Mechanics and Materials，2014，584：1304-1308.

[7] 谢永亮，战仕利，王瑞，等 . 玄武岩纤维对机场道面混凝土抗冻性能影响研究 [J]. 混凝土与水泥制品，2012，200（12）：48-50.

[8] Fan X C，Wu D，Chen H. Experimental research on the freeze-thaw resistance of basalt fiber reinforced concrete [J]. Advanced Materials Research，2014，919：1912-1915.

第4章 冻融后玄武岩纤维混凝土 微观孔结构

4.1 试验概况

本章所用试验原材料、配合比、纤维掺量同第 2 章。

4.1.1 光学法测试混凝土微观孔结构试验过程

混凝土微观孔结构试验采用丹麦 RapidAir 457 型硬化混凝土气孔结构分析仪，由图像采集和图像分析两部分组成，如图 4-1 所示。RapidAir 457 设备可自动测定并直接显示硬化混凝土内部的气孔构造特征参数（如气孔间距系数、气孔比表面积、含气量、气孔平均弦长、各种直径气孔百分比等），测试时间控制在 15min 之内，精度能达到 2.0μm。玄武岩纤维混凝土孔结构试验的过程如下所述。

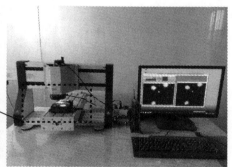

图 4-1 RapidAir 457 型硬化混凝土气孔结构测定仪

（1）试件切割：将经过标准养护和冻融循环后的尺寸为 100mm×100mm×100mm 立方体或 100mm×100mm×400mm 的棱柱体试件，采用自动型岩石切割机切成 100mm（长）×100mm（宽）×20mm（厚）的混凝土薄片，同一试样制备三个平行试件。

（2）将切好的混凝土薄片表面使用 UNIPOL-1502 自动研磨抛光机进行研磨。仪器开启后，依次将 600 目、800 目、1200 目的碳化硅悬浮乳液倒在研磨片上，对试件进行研磨，最终使试件表面平整、光滑，无划痕出现。

（3）使用超声波清洗机将研磨完成的试件表面清洗干净，清洗时间为 3～5min。清洗完毕后将试件放置在温度为 55℃的烘箱中烘干。

（4）用尖端比较粗的记号笔将烘干后的试件表面涂黑，保证涂刷均匀、厚度一致，如图 4-2 所示。涂刷完毕后将试样静置风干 12h。

（5）把凡士林放入烘箱中进行融化，将融化后的凡士林与氧化锌按照 1∶1 比例混合拌匀，冷却至室温，形成氧化锌漆。

（6）将晾干后的混凝土试件放入 55℃烘箱中烘干 15min，取出后使用刀片在样品表面涂上氧化锌漆，由于试件表面温度较高，氧化锌漆会在试样表面融化后流入孔隙，涂抹要保证厚度一致并且均匀。

（7）试件冷却后，先将其表面多余的试剂刮去，操作时需注意不能太用力，防止破坏试件底部涂黑的底漆；再用矿物油将孔外的少量残留试剂擦掉，待测试件即形成，如图 4-3 所示。

图 4-2　涂抹底漆试件图　　　　　　图 4-3　待测试件

（8）将待测试件放入测试仪器卡槽，打开设备并启动孔结构测试软件，调试显微镜头焦距，设置测试区域、测线根数以及长度，开始测量，如图 4-4 所示。

（9）测量完毕后，仪器自动生成孔结构参数报告，然后手动合成所测区域图像，检测参数设置的合理性。

（10）图像合成完毕，进行下一个试件的测量。

4.1.2　光学法测试混凝土微观孔结构试验的基本原理

制备好的试件表面呈现黑白两色，试件表面孔隙均被白色试剂填充，其余

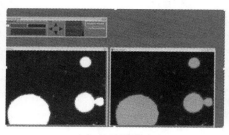
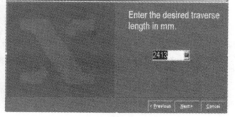

（a）软件测试界面　　　　　　　　　　（b）测线长度

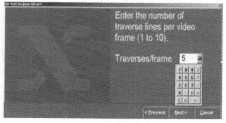

（c）选择测区面积　　　　　　　　　　（d）测线根数

图 4-4　孔结构测定仪软件参数设置

部分为黑色底漆，如图 4-3 所示。通过显微镜识别，白色部分在测试界面以绿色状态呈现，其测试轨道为 U 形，预设测线长度在测试区域均匀分布。测线在计算机界面为蓝色状态，经过绿色区域时，覆盖在绿色区域上的测线变为红色。在每个测试区域，红色测线的数量及长短为孔结构参数报告的依据，其测试原理如图 4-5 所示。

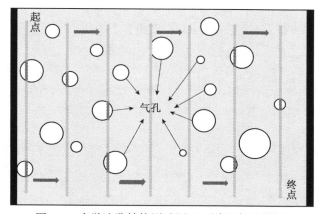

图 4-5　光学法孔结构测试原理（详见书后彩图）

测试后孔结构各参数计算公式如下：

（1）气孔平均弦长

$$\bar{l} = \frac{\sum l}{N} \qquad (4\text{-}1)$$

（2）气孔比表面积

$$a = \frac{4}{\bar{l}} \qquad (4\text{-}2)$$

（3）气孔平均半径

$$r = \frac{3}{4}\bar{l} \qquad (4\text{-}3)$$

（4）含气量

$$A = \frac{\sum l}{T} \qquad (4\text{-}4)$$

（5）1cm³ 混凝土中所含气孔个数

$$n_v = \frac{3A}{4\pi r^3} \qquad (4\text{-}5)$$

（6）每 1cm 导线切割气孔的个数

$$n_l = \frac{N}{T} \qquad (4\text{-}6)$$

（7）气孔间距系数

$$\bar{L} = \frac{3A}{4n_l}\left[1.4\left(\frac{P}{A}+1\right)^{\frac{1}{3}} - 1\right] \qquad (4\text{-}7)$$

当混凝土中胶气比 $P/A < 4.33$ 时

$$\bar{L} = \frac{P}{4n_l} \qquad (4\text{-}8)$$

以上各式中：$\bar{l}$ 为气孔平均弦长（cm）；$\sum l$ 为全导线切割气孔弦长总和（cm）；N 为全导线切割气孔个数总和；a 为气孔比表面积（cm⁻¹）；r 为气孔平均半径（cm）；n_v 为 1cm³ 混凝土中所含气孔个数；A 为硬化混凝土中的含气量（体积比）；T 为全导线总长（cm）；P 为混凝土中的胶凝材料含量（体积比）；n_l 为平均每 1cm 导线切割气孔的个数；$\bar{L}$ 为气孔间距系数（cm）。

4.2　基于快速冻融方法的水、盐冻融后玄武岩纤维混凝土微观孔结构

4.2.1　冻融前后试件微观孔结构表观形貌

不同水冻循环次数下未掺纤维混凝土气孔结构如图 4-6 所示。随着冻融循环次数的变化，混凝土气孔结构有明显差别，当冻融循环次数为 0 时，图（a）

中水泥浆体结构密实，存在少量微小的孔隙结构；随着冻融循环次数的增加，混凝土内部无害孔和少害孔，向有害孔、多害孔过渡，孔径增大明显，如图（b）所示；当冻融循环次数继续增加时，气孔的孔径继续增大，内部出现大孔且分布不均匀，如图（c）所示。当冻融循环次数达到 75 时，混凝土内部水泥浆体结构疏松，孔隙也逐渐增大，裂缝贯通逐渐增加，如图（d）所示。

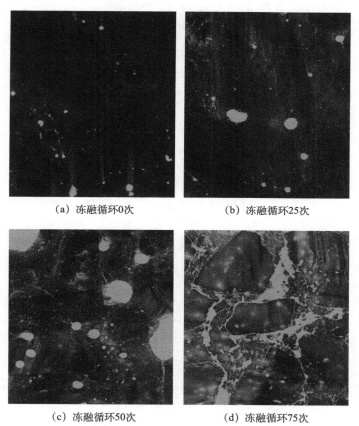

　　（a）冻融循环0次　　　　　　　　　（b）冻融循环25次

　　（c）冻融循环50次　　　　　　　　　（d）冻融循环75次

图 4-6　不同水冻融循环次数下未掺纤维混凝土气孔结构表观图

　　不同水冻融循环次数下玄武岩纤维掺量 0.3％混凝土气孔结构如图 4-7 所示。随着冻融循环次数的变化，混凝土气孔结构有明显差别，当冻融循环次数为 0 时，图（a）中水泥浆体结构密实，存在少量微小的孔隙结构；随着冻融循环次数的增加，水泥晶体结构不断细化，孔结构分布更加均匀，如图（b）所示；当冻融循环次数继续增加，气孔的孔径也逐渐增大时，内部出现大孔且分布不均匀，如图（c）所示；当冻融循环次数达到 75 时，混凝土内部水泥浆体结构疏松，孔隙也逐渐增大，裂缝贯通逐渐增加，如图（d）所示。

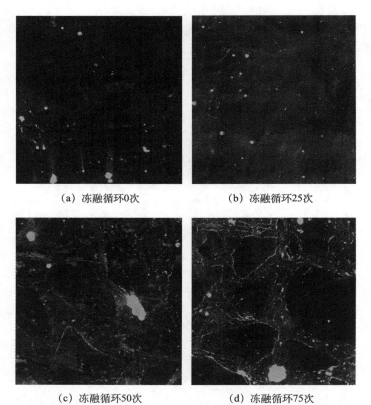

(a) 冻融循环0次　　　　　　　　(b) 冻融循环25次

(c) 冻融循环50次　　　　　　　　(d) 冻融循环75次

图 4-7　不同水冻融循环次数下玄武岩纤维掺量 0.3％混凝土气孔结构表观图

对比未掺纤维混凝土和纤维掺量 0.3％玄武岩纤维的混凝土不同水冻融循环次数下的气孔结构图谱可知，在混凝土冻融损伤过程中，玄武岩纤维的加入能够有效抑制裂缝的开展，降低大孔隙出现概率，减小混凝土的孔隙，使内部孔隙得到细化，从而提高混凝土的抗冻性能。

4.2.2　冻融循环后玄武岩纤维混凝土微观孔结构

为了对比冻融前后试件孔隙结构特征，本书对水、盐冻融条件下玄武岩纤维混凝土试件分别进行了光学法测孔试验，得到了含气量、比表面积、气孔间距系数、气孔平均弦长等孔隙结构特征参数，见表 4-1、表 4-2，表中冻融损伤度 D 定义及计算公式见式（2-12）。

表 4-1　水冻融条件下玄武岩纤维混凝土微观孔结构参数与抗压强度、冻融损伤度 *D* 表

纤维掺量/%	冻融循环次数	含气量/%	比表面积/mm⁻¹	气孔间距系数/mm	气孔平均弦长/mm	抗压强度/MPa	损伤度 $D/10^{-2}$
	0	13.74	88.31	0.065	0.011	50.05	0
0.0	25	21.37	76.59	0.081	0.043	37.88	11.55
	50	26.52	72.52	0.143	0.156	32.18	24.13
	75	32.19	35.76	0.319	0.422	9.72	43.62
	0	15.87	84.57	0.074	0.018	45.13	0
0.1	25	25.88	73.56	0.092	0.067	32.72	9.66
	50	28.96	60.14	0.228	0.184	23.42	18.77
	75	30.14	40.43	0.279	0.323	15.54	31.64
	0	14.28	85.15	0.068	0.015	47.04	0
0.2	25	27.34	69.35	0.214	0.089	29.06	4.33
	50	26.87	64.78	0.247	0.192	26.53	14.66
	75	28.96	58.34	0.258	0.214	21.53	21.66
	0	18.29	80.86	0.082	0.038	42.74	0
0.3	25	15.56	82.67	0.072	0.021	44.07	0.47
	50	21.35	74.67	0.081	0.057	34.16	7.55
	75	28.52	61.49	0.231	0.148	23.67	13.27

表 4-2　盐冻融条件下玄武岩纤维混凝土微观孔结构参数与抗压强度、冻融损伤度 *D* 表

纤维掺量/%	冻融循环次数	含气量/%	比表面积/mm⁻¹	气孔间距系数/mm	气孔平均弦长/mm	抗压强度/MPa	损伤度 $D/10^{-2}$
	0	13.74	88.31	0.065	0.011	50.05	0
0.0	25	15.24	85.33	0.071	0.016	46.46	21.66
	50	23.46	74.35	0.163	0.137	30.65	36.34
	75	38.63	32.54	0.482	0.532	6.62	51.43
	0	15.87	84.57	0.074	0.018	45.13	0
0.1	25	20.67	77.45	0.115	0.036	39.82	11.39
	50	26.34	64.36	0.238	0.184	26.47	33.35
	75	30.45	39.43	0.285	0.308	14.72	48.65
	0	14.28	85.15	0.068	0.015	47.04	0
0.2	25	19.45	79.34	0.102	0.042	41.94	6.08
	50	23.65	56.56	0.275	0.247	20.99	24.97
	75	32.76	36.63	0.301	0.346	12.2	37.37
	0	18.29	80.86	0.082	0.038	42.74	0
0.3	25	14.04	86.11	0.069	0.017	47.5	1.98
	50	27.52	66.78	0.227	0.215	27.77	13.47
	75	32.56	36.47	0.195	0.322	12.12	21.46

1. 含气量与抗压强度、冻融损伤度的关系

　　图 4-8、图 4-9 分别为玄武岩纤维混凝土含气量与抗压强度、冻融损伤度关系曲线，从图中可以看出，随着含气量的增加，抗压强度减小，冻融损伤度增大。含气量是指硬化后混凝土中孔隙体积所占总体积百分比，含气量的增大，

即孔隙体积增大，导致混凝土的承压面积减小，承载力降低，从而呈现随混凝土含气量增大，抗压强度降低的规律；另一方面，在受到冻融破坏时，含气量的增大，即孔隙体积增大，产生较大的静水压和渗透压，更易结冰，因此损伤度会增大。

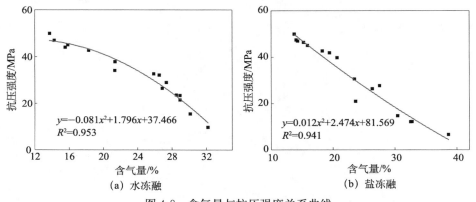

图 4-8　含气量与抗压强度关系曲线

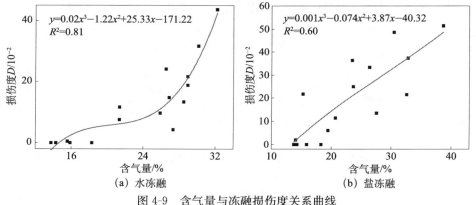

图 4-9　含气量与冻融损伤度关系曲线

2. 比表面积与抗压强度、冻融损伤度的关系

图 4-10、图 4-11 分别为玄武岩纤维混凝土比表面积与抗压强度、冻融损伤度的关系曲线，从图中可以看出，随比表面积的增加，抗压强度增大，冻融损伤度减小。孔比表面积是指硬化后的混凝土气孔的总面积与总体积的比值，孔比表面积越大，则说明孔隙中小孔径孔隙数量越多，大孔径孔隙数量越少，孔隙结构越致密，强度越高；另外，孔比表面积越大，还说明孔分布较充分，对减缓混凝土冻融循环产生的膨胀应力更有利，因此冻融损伤度越小。

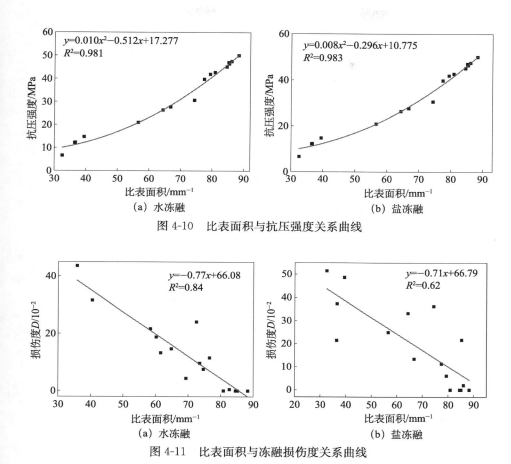

图 4-10　比表面积与抗压强度关系曲线

图 4-11　比表面积与冻融损伤度关系曲线

3. 气孔间距系数与抗压强度、冻融损伤度关系

图 4-12、图 4-13 分别为玄武岩纤维混凝土气孔间距系数与抗压强度、冻融损伤度的关系曲线，从图中可以看出，随气孔间距系数的增加，抗压强度减小，冻融损伤度增大。这是因为，在冻融初期，气孔数量多且分布排列较为紧密，此时气孔间距系数较小，强度高，而随着冻融循环次数的增加，混凝土中可冻水增加，部分气孔出现连通合并的现象，此时气孔间距变大，结构变得疏松，强度变低；且气孔间距系数小，则混凝土中气孔分布较为紧密，其气孔结构分布均匀合理，对减缓混凝土受冻融时产生的膨胀应力有很大的贡献，因此冻融损伤度减小。

4. 气孔平均弦长与冻融损伤度关系

图 4-14、图 4-15 分别为玄武岩纤维混凝土气孔平均弦长与抗压强度、冻融损伤度的关系曲线，从图中可以看出，随着气孔平均弦长的增加，抗压强度减

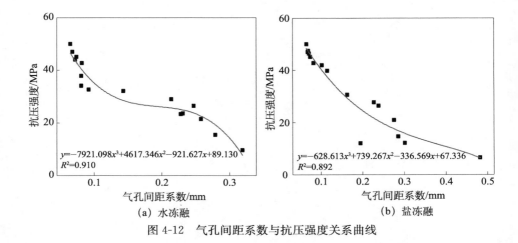

(a) 水冻融   (b) 盐冻融

图 4-12　气孔间距系数与抗压强度关系曲线

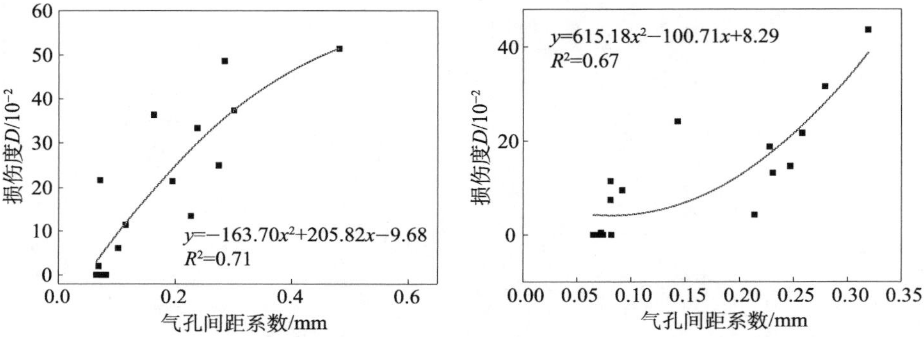

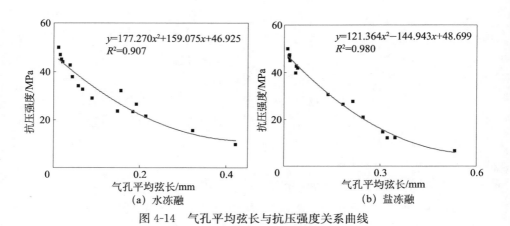

(a) 水冻融   (b) 盐冻融

图 4-13　气孔间距系数与冻融损伤度关系曲线

(a) 水冻融   (b) 盐冻融

图 4-14　气孔平均弦长与抗压强度关系曲线

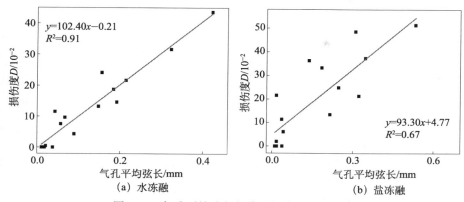

图 4-15 气孔平均弦长与冻融损伤度关系曲线

小，冻融损伤度增大。气孔平均弦长可理解为气孔平均半径，气孔平均半径越小，说明混凝土中有害孔越少，无害孔越多，气孔更加细密，分布更加均匀，因此混凝土强度越高[1]；孔径越小，冰点越低，成冰率越低，从而减小了因结冰引起的对混凝土的破坏，因此混凝土的冻融损伤度越小。

4.2.3 抗压强度、冻融损伤度与孔结构参数的灰熵分析

1. 灰色关联度分析模型

灰色关联分析模型[2]是灰色系统理论的内容之一。灰色关联分析是通过灰色关联度来分析和确定系统诸因素间的影响程度或因素对系统主行为的贡献程度的一种方法。其基本思想是根据序列曲线几何形状的相似程度来判断不同序列之间的联系是否紧密，联系越紧密，关联度就越接近于1。

假设有若干个数据序列 X_0，X_1，$\cdots$，X_n，Y_0，Y_1，$\cdots$，Y_n，设所研究对象的序列 Y_i 作为参考序列，其余的作为比较序列 X_i。

第一步，求出各个序列的均值像。因为各个序列的量纲不同，所以要对原始数据进行均值化处理。

$$x'_i = X_i/x_i(1) = (x'_i(1),\ x'_i(2),\ \cdots,\ x'_i(k)),\quad i=1,\ 2,\ \cdots,\ n$$
$$y'_j = Y_j/y_j(1) = (y'_j(1),\ y'_j(2),\ \cdots,\ y'_j(k)),\quad j=1,\ 2,\ \cdots,\ m$$

$$(4\text{-}9)$$

第二步，求参考序列与比较序列之间的差。

$$\Delta_{ij}(k) = |\ y'_j(k) - x'_i(k)\ |$$
$$\Delta_{ij} = (\Delta_{ij}(1),\ \Delta_{ij}(2),\ \cdots,\ \Delta_{ij}(k))$$
$$i=1,\ 2;\ \cdots,\ n;\ j=1,\ 2,\ \cdots,\ m;\ k=1,\ 2,\ \cdots,\ p \qquad (4\text{-}10)$$

第三步，求两极最大差和最小差。

$$M = \max_i \max_k \Delta_i(k) \quad m = \min_i \min_k \Delta_i(k) \tag{4-11}$$

第四步，求关联系数。

$$\gamma_{ij} = \frac{m + \xi M}{\Delta_i(k) + \xi M}, \quad \xi \in (0, 1), \ i = 1, 2, \cdots, n; \ j = 1, 2, \cdots, m \tag{4-12}$$

其中，ξ 是分辨系数，一般取 0.5[3]。

第五步，计算灰熵关联密度。

$$P_h = \frac{\gamma[y_i(h), \ x_i(h)]}{\sum\limits_{k=1}^{n} \gamma[y_i(h), \ x_i(h)]}, \quad h = 1, 2, \cdots, n \tag{4-13}$$

第六步，计算灰关联熵和灰熵关联度。

灰关联熵

$$H(R_i) = -\sum_{k=1}^{n} P_n \ln P_n \tag{4-14}$$

灰熵关联度

$$E(x_i) = H(R_i)/H_{\max} \tag{4-15}$$

其中，$H_{\max} = \ln n$，n 表示由 n 个元素组成的差异信息列的最大值。

2. 不同冻融循环次数的灰熵分析

为确定不同冻融循环次数下孔结构参数对玄武岩纤维混凝土的抗压强度及冻融损伤程度的影响，本书对孔结构试验数据进行灰关联熵分析。分别取抗压强度和冻融损伤度作为参考列，将含气量、比表面积、气孔间距系数、气孔平均弦长作为比较序列[3]。经过计算后，分别得出在两种介质下不同冻融循环次数下抗压强度和冻融损伤度 D 的灰熵关联度 E_c 和 E_d，分别见表 4-3、表 4-4。

表 4-3 不同冻融循环次数的玄武岩纤维混凝土的抗压强度灰熵关联度 E_c

冻融介质	冻融循环次数	E_c			
		含气量/%	比表面积/mm^{-1}	气孔间距系数/mm	气孔平均弦长/mm
水	0	0.9935	0.9998	0.9951	0.9609
	25	0.9860	0.9987	0.9614	0.9776
	50	0.9869	0.9994	0.9892	0.9516
	75	0.9871	0.9970	0.9826	0.9769
盐	0	0.9935	0.9998	0.9951	0.9609
	25	0.9960	0.9996	0.9942	0.9977
	50	0.9838	0.9981	0.9398	0.9361
	75	0.9762	0.9901	0.9666	0.9725

表 4-4　不同冻融循环次数的玄武岩纤维混凝土的冻融损伤度灰熵关联度 E_d

冻融介质	冻融循环次数	E_d			
		含气量/%	比表面积/mm^{-1}	气孔间距系数/mm	气孔平均弦长/mm
水	25	0.9917	0.9789	0.9881	0.9715
	50	0.9667	0.9566	0.9319	0.9710
	75	0.9824	0.9813	0.9881	0.9993
盐	25	0.9667	0.9737	0.9737	0.9623
	50	0.9554	0.9569	0.9635	0.9527
	75	0.9465	0.9728	0.9779	0.9860

从表 4-3 中可以看出：无论冻融介质是水还是盐，冻融循环次数分别是 0、25、50、75 时，对玄武岩纤维混凝土抗压强度影响最大的因素均为比表面积，而且灰熵关联度 E_c 最小的也大于 0.99。说明在本试验所测试的 4 种孔结构参数中，比表面积的大小对玄武岩纤维混凝土冻融后的强度影响最大。这是因为，比表面积越大，孔的内表面粗糙度越大，相应地大孔总数量越少，小孔总数量就越多，混凝土越密实，进而抗压强度越大。

不同冻融循环次数的玄武岩纤维混凝土的冻融损伤度灰熵关联度如表 4-4 所示。从表 4-4 中可以看出：水冻融循环 25 次时对玄武岩纤维混凝土的冻融损伤度 D 影响最大的因素是含气量，含气量的大小可以表征气孔的多少，含气量越大，混凝土有害孔及多害孔就越多，混凝土越不密实，冻融损伤度会越大；然而冻融循环到 50 次以及 75 次时，对玄武岩纤维混凝土的冻融损伤度 D 影响最大的因素是气孔平均弦长。这是因为，随着冻融循环次数的增多，混凝土损伤劣化程度加剧，混凝土的气孔平均弦长会增大，出现较多大孔，冰点越高，成冰率越高，从而结冰对混凝土产生破坏。

从表 4-4 中还可以看出，盐冻融循环 25 次以及 50 次时对玄武岩纤维混凝土的冻融损伤度 D 影响最大的因素是气孔间距系数，这是因为，气孔间距系数越大，平均气孔间距越大，相应地混凝土气孔中的水在盐冻过程中，产生的静水压力和渗透压力越大，混凝土的损伤就越大。然而冻融循环到 75 次时，对玄武岩纤维混凝土的冻融损伤度 D 影响最大的因素是气孔平均弦长。这是因为，冻融循环次数增大，盐冻融会使混凝土劣化疏松，孔径变大，气孔弦长变得越大，冻融损伤度越大。

3. 不同玄武岩纤维掺量的灰熵分析

本书分别取抗压强度和冻融损伤度作为参考列，将含气量、比表面积、气孔间距系数、气孔平均弦长作为比较序列。经过计算后，分别得出在两种介质下不同玄武岩掺量的抗压强度和冻融损伤度 D 的灰熵关联度 E_{c1} 和 E_{d1}，分别见表 4-5、表 4-6。

表 4-5　不同玄武岩掺量混凝土冻融后的抗压强度灰熵关联度 E_{c1}

冻融介质	纤维掺量/%	E_{c1}			
		含气量/%	比表面积/mm^{-1}	气孔间距系数/mm	气孔平均弦长/mm
水	0.0	0.9805	0.9983	0.9614	0.9380
	0.1	0.9786	0.9975	0.9900	0.9726
	0.2	0.9815	0.9964	0.9723	0.9671
	0.3	0.9853	0.9993	0.9785	0.9519
盐	0.0	0.9804	0.9997	0.9621	0.9514
	0.1	0.9905	0.9998	0.9912	0.9793
	0.2	0.9881	0.9997	0.9960	0.9907
	0.3	0.9890	0.9998	0.9982	0.9830

表 4-6　不同玄武岩掺量混凝冻融后土的冻融损伤度 D 灰熵关联度 E_{d1}

冻融介质	纤维掺量/%	E_{d1}			
		含气量/%	比表面积/mm^{-1}	气孔间距系数/mm	气孔平均弦长/mm
水	0.0	0.9822	0.9521	0.9931	0.9936
	0.1	0.9770	0.9649	0.9896	0.9977
	0.2	0.9891	0.9801	0.9821	0.9900
	0.3	0.9892	0.9773	0.9984	0.9937
盐	0.0	0.9900	0.9606	0.9977	0.9604
	0.1	0.9914	0.9774	0.9906	0.9987
	0.2	0.9972	0.9834	0.9868	0.9998
	0.3	0.9879	0.9782	0.9820	0.9972

　　不同掺量的玄武岩纤维混凝土的抗压强度灰熵关联度如表 4-5 所示。从表 4-5 中可以看出，无论冻融介质是水还是盐，纤维掺量分别为 0.0%、0.1%、0.2%、0.3% 时，对玄武岩纤维混凝土抗压强度影响最大的因素都是比表面积，即比表面积的大小对玄武岩纤维混凝土的强度影响很大。这是因为，玄武岩纤维适量的掺入可以提高孔的比表面积，增加少害孔及无害孔的数量，减少有害孔的数量，从而提高了混凝土冻融损伤后的抗压强度。

　　不同纤维掺量的玄武岩纤维混凝土冻融损伤度灰熵关联度如表 4-6 所示。从表 4-6 中可以看出，当冻融介质为水，纤维掺量分别为 0.0%、0.1%、0.2% 时，对玄武岩纤维混凝土冻融损伤度影响最大的因素是气孔平均弦长；而纤维掺量为 0.3% 时，对玄武岩纤维混凝土冻融损伤度影响最大的因素是气孔间距系数，这是因为：玄武岩纤维在水泥基体中呈现乱向分布的状态，贯穿裂缝，减少了裂缝和大孔隙的形成，从而降低孔隙率，细化了混凝土内部结构；另外，由于玄武岩纤维表面的水化物密集，生成物填充孔隙，使得大孔径减少，细化了混凝土内部孔隙分布[4]。

　　从表 4-6 中还可以看出，当冻融介质为盐、纤维掺量为 0.0% 时，对纤维混凝土冻融损伤度影响最大的因素是气孔间距系数；而纤维掺量分别为 0.1%、0.2%、0.3%时，对玄武岩纤维混凝土冻融损伤度影响最大的因素是气孔平均弦长，这是因为：掺入玄武岩纤维之后可以细化混凝土内部孔结构，气孔更加细密，分布更加均匀。

4.3 基于单面冻融方法的水、盐冻融后玄武岩纤维混凝土微观孔结构

此节孔结构试验是基于单面冻融试验的后续试验，是冻融介质在冻融环境下对混凝土试件单面腐蚀，即混凝土试件冻融损伤始于基准面，所以选择沿基准面上移 20mm 的测试区域进行孔结构试验，以此区域内孔结构特征分析玄武岩纤维混凝土冻融前后损伤劣化过程。

4.3.1 不同纤维掺量下单面水、盐冻融后玄武岩纤维混凝土孔结构特征

以 0 次、64 次单面冻融循环后混凝土孔结构特征为例，从微观孔隙结构角度研究玄武岩纤维混凝土冻融损伤特性。图 4-16 为玄武岩纤维混凝土试件在冻融前后的各孔结构参数，结果显示，水冻融和盐冻融环境中的试件在 64 次冻融循环后的含气量、平均弦长、气孔间距系数均高于冻融前，而比表面积均低于冻融前。这说明在冻融循环作用下玄武岩纤维混凝土内部孔结构不断劣化，当冻融介质进入混凝土内部后，结晶压、渗透压、静水压以及温度疲劳应力等多种应力耦合作用于孔壁，导致孔壁破裂，微裂纹沿应力集中处继续向临近孔发展，逐步形成小孔的贯通。对比水冻融和盐冻融各参数变化发现，盐冻融后混凝土含气量、平均弦长、气孔间距系数高于水冻融，比表面积则相反。这说明盐介质对混凝土孔隙结构的损伤程度大于水介质，因为充满盐溶液的孔比充满水的孔所受应力耦合数量多，其对混凝土内部孔壁的损伤程度及速度均大于水冻融。

玄武岩纤维混凝土的含气量、孔平均弦长、孔间距系数随纤维掺量的提高呈下降趋势，而孔比表面积随纤维掺量的增加呈上升趋势，其主要原因是玄武岩纤维对混凝土内部孔隙结构的优化作用。纤维掺量增加，混凝土内部的大孔数量（包括因试件制作成型引起的孔洞缺陷）减少，小孔数量增多，且分布较为均匀。大孔数量的减少是造成含气量下降的直接原因，而大量分布较为均匀的小孔也是导致孔比表面积增加、平均弦长和气孔间距系数减小的直接因素。

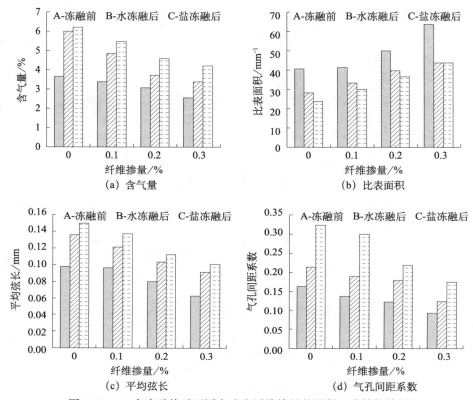

图 4-16　64 次冻融前后不同玄武岩纤维掺量的混凝土孔结构特征

4.3.2　不同冻融次数下单面水、盐冻融后玄武岩纤维混凝土孔结构特征

　　玄武岩纤维混凝土内部孔结构的劣化特征均在其各孔结构参数中有所体现，纤维掺量不同，各孔结构参数值劣化趋势相同，故仅以 0.2% 纤维掺量的混凝土为例，即分析 0.2% 纤维掺量的玄武岩纤维混凝土试件各孔结构参数在单面冻融循环过程中的损伤劣化过程。

　　1. 单面水冻融下玄武岩纤维掺量 0.2% 混凝土孔结构特征

　　1）弦长频率和含气量

　　冻融循环次数分别为 8、36、64 的试件在各孔径范围内的弦长频率和含气量如图 4-17 所示。弦长频率为所测区域各孔径区段孔数目所占百分比，也可以理解为所测区域各孔径区段的孔数目占各孔径区段累计孔数目的百分比，弦长频率越高，表明相应孔径范围内的孔出现频率较高、孔数目较多。图示中横坐标为孔径范围的划分，孔径在 0～60μm，以 10μm 作为区段间隔；孔径在 60～300μm，以 20μm 作为区段间隔；孔径在 300～500μm，以 50μm 作为区段间隔；孔径超过 500μm 范围，以 500μm 作为区段间隔。通过对比图 4-17（a）～（c）发现，根据各孔径范围内弦长频率在冻融过程中的变化规律将所覆盖孔径划为前、中、后三部分，即前部分为直径小于 30μm 的孔随冻融循环次数增加其弦长频率降低；中间部分直径在 30～400μm 的孔弦长频率随冻融次数增加而增加，增加幅度不明显，且此范围内各区段孔径的弦长频率变化略显波动；后

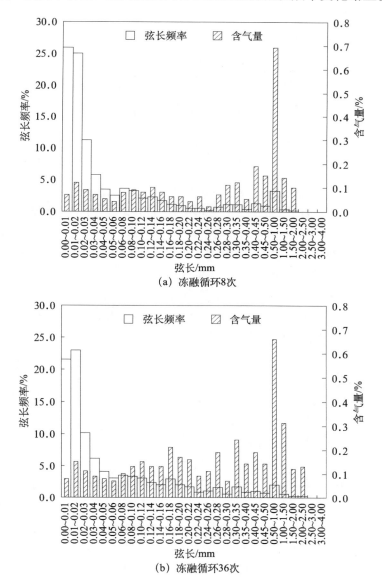

（a）冻融循环8次

（b）冻融循环36次

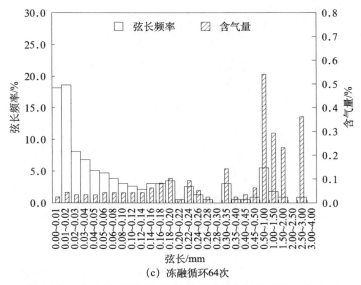

(c) 冻融循环64次

图 4-17 不同水冻循环次数条件下试件的弦长频率和含气量

部分直径超过 $400\mu m$ 的孔弦长频率随冻融循环次数增加有很明显的增大趋势。以上分析表明，在水冻融条件下的玄武岩纤维混凝土在冻融循环过程中小孔逐渐减少，大孔逐渐增多，在一定程度上反映了混凝土孔隙结构冻融损伤劣化过程，从小孔到大孔的劣化必然伴随着小孔间开裂贯通的过程。

含气量是指试件孔体积所占试件体积的百分比，和弦长频率表现不同，弦长频率高的小孔径孔的含气量可能会低于弦长频率低的大孔径孔的含气量，且在图 4-17 中均有所体现，这说明小孔与大孔孔径值的数量级差别很大。含气量随冻融循环的表现形式为：随冻融循环次数增加，小孔径孔体积减小，大孔径孔体积增大，但不能视其为完全意义上的孔劣化，因为纤维混凝土抗冻性的强弱是由其内部孔隙特征的综合响应决定的，若其变化均在良好的孔级配范围内，混凝土可保持较好的抗冻性，故由含气量单一因素的表现形式可认为局部意义上的劣化，可以辅助评价混凝土的抗冻性能。

2）比表面积、间距系数以及平均弦长

对孔比表面积、间距系数以及平均弦长值进行归一化处理，分析其与冻融循环次数之间的关系，如图 4-18 所示。由图可知，直线拟合处理后的相关系数均在 0.87 以上，表明玄武岩纤维混凝土各孔结构参数值随冻融循环次数增加符合线性变化规律。在水冻融循环过程中孔隙结构表现形式为：冻融循环次数增多，试件孔比表面积下降，而孔间距系数以及平均弦长均呈增长趋势。孔比表面积可反映孔表面的粗糙程度以及孔径的分布情况，直径小的孔越多，孔比表面积越大，表明纤维混凝土内部小孔逐渐贯通转化为大孔，而孔比表面积的下降缓慢程度与孔分布均匀化程度有关。在小孔向大孔转化过程中，间距较小的孔会先行劣化贯通，孔弦长随即增加，使得混凝土内部整体孔间距系数以及平均弦长逐渐增加。若冻融循环过程中处于同一间距等级的孔成团分布时，小孔转化为大孔后，孔径跨度较大，将会进一步加剧混凝土内部整体孔间距系数以及平均弦长的增长。

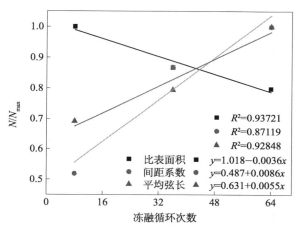

图 4-18　水冻融条件下孔结构参数与冻融循环次数的关系

2. 单面盐冻融下玄武岩纤维掺量 0.2% 混凝土孔结构特征

1）弦长频率和含气量

盐冻环境下，分析 0.2% 纤维掺量的玄武岩纤维混凝土各孔结构参数随冻融循环次数增加的劣化特征，根据 4.3.2 节第 1 部分中的方法将孔结构在盐冻融过程中的损伤按照覆盖孔径前中后三部分的表现形式进行分析，各孔径范围的弦长频率和含气量在盐冻融环境中的变化趋势，如图 4-19 所示。

图 4-19（b）与（a）相比，前部分孔径（小于 30μm）弦长频率有所降低，中后部分孔弦长频率有明显增长趋势，表明孔径较小的孔已逐步劣化贯通，转化为中后部分的较大孔径的孔。由含气量的增长趋势可看出，后部分孔径范围（大于 400μm）的孔含气量增长趋势较中间部分更为明显，这是因为，中部孔向较大孔径的孔转化的同时，前部孔也在向中部孔转化，致使中部孔数目大体处于动态平衡状态。而在图 4-18 水冻融状态下，中后部孔的含气量增长趋势均很明显，这说明在各孔径之间相互转化的过程中，前部孔向中部孔的转化速率高于中部孔向后部孔的转化速率。水冻融和盐冻融中部孔的不同表现可能是因为，冻融介质只能由混凝土试件底面沿着毛细孔通道进入内部，水介质以毛细作用原理由表及里自由延伸，而盐溶液进入毛细通道势必会引起浓度的变化，

导致毛细管通道内盐晶体析出，并对溶液继续向内部扩展起到一定的阻碍作用。

图 4-19（c）与（b）相比，中部孔弦长频率降低，但前部孔和后部孔弦长频率增大，且前部孔弦长频率增长幅度高于后部孔，表明在冻融循环后期，中部孔向后部孔转化的同时，前部孔数目有一定程度的增长，这一现象的原因是，混凝土内部毛细孔壁上未完全水化的水泥石在一定温度下与通道内水分继续发生水化反应，其生成物继续填充孔隙，进一步阻碍溶液向混凝土内部扩

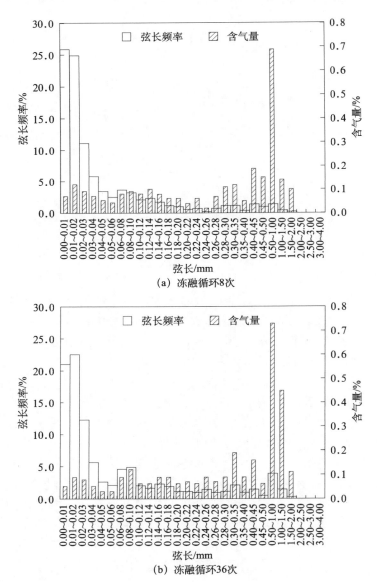

（a）冻融循环8次

（b）冻融循环36次

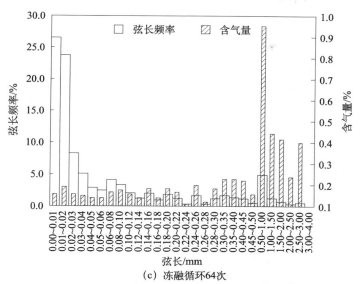

图 4-19　不同盐冻融循环次数条件下试件的弦长频率和含气量

展，降低了小孔径孔的冻融劣化速率。

含气量表现形式与弦长频率对应，比较突出的是后部孔含气量增加幅度较大，而且远大于水冻条件下后部孔含气量的增加幅度，表明冻融循环后期，盐溶液对较大孔径孔的损伤作用高于水。

2）比表面积、间距系数以及平均弦长

对孔比表面积、间距系数以及平均弦长进行归一化处理，分析其与冻融循环之间的关系，如图 4-20 所示，即盐冻融条件下，随着冻融循环次数增加，孔比表面积降低，间距系数以及平均弦长增加，三参数的表现形式和水冻融条件下相似。对数据进行线性拟合处理，三参数的拟合线性相关系数均在 0.88 以上，较高的相关度表明，三种孔参数随冻融循环次数增加呈线性发展趋势。每种参数随冻融循环的劣化程度可由拟合直线的斜率表征，斜率绝对值越大，表明相应参数值变化幅度越大，劣化程度越高。由图 4-20 知：孔比表面积、间距系数及平均弦长拟合直线斜率分别为 −0.0075、0.0091、0.0052，而水冻融条件下三参数拟合直线斜率分别为 −0.0036、0.0086、0.0055，对比发现，盐冻融作用对孔结构参数的损伤程度高于水冻融作用。

4.3.3　单面水、盐冻融后玄武岩纤维混凝土孔结构分形分析

分形理论可定量描述不规则、复杂的现象，为研究混凝土孔结构的复杂性，以及孔结构与宏观性能的定性或定量关系开辟了新的思路。本节通过引入

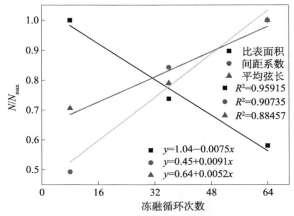

图 4-20　盐冻条件下孔结构参数与冻融循环次数的关系

分形维数对玄武岩纤维混凝土内部孔隙结构进行定量表征，分析不同冻融介质、不同纤维掺量、不同冻融循环次数条件下分形维数与各孔结构参数的关系，从微观孔结构角度研究玄武岩混凝土的冻融损伤过程。

1. 混凝土孔结构分形模型

采用分形理论研究混凝土中的孔隙结构特征时，首先要建立合适的分形模型，通过模型计算出相关分形维数是对混凝土孔结构的复杂程度的量化结果，即分形维数是对混凝土内部孔结构的复杂程度的定量描述。目前，基于光学法的分形模型主要是围绕孔隙断面轮廓线分形维数的求解而建立的，采用了尺码法[5]和周长-面积法[6]。本书试验采用硬化混凝土孔结构测定仪，基于此仪器所得数据特点，本节引入盒计数维数（盒维数）的概念建立更为精确的孔径分布分形模型。盒维数是应用最广泛的分形维数之一，是采用一系列尺度相同、形状为圆形、直径为 r 的盒子将对象全部无重叠覆盖，当直径趋于零时，盒子个数的对数与盒子直径的对数之比，即为盒维数[7,8]。

其数学表达式为[9]：设 A 为 R_z 空间的任意非空有界子集，对任意的一个 $r>0$，$N_r(A)$ 表示用来覆盖 A 所需边长为 r 的 n 维立方体（盒子）的最小数目。若存在一个数 d 使得当 $r \to 0$ 时，有

$$N_r(A) \propto r^{-d} \tag{4-16}$$

则称 d 为 A 的盒维数。盒维数为 d，当且仅当存在一个正数 k 使得

$$\lim_{r \to 0} \frac{N_r(A)}{1/r^d} = k \tag{4-17}$$

方程两边取对数，得

$$\lim_{r \to 0} (\lg N_r(A) + d \lg r) = \lg k \tag{4-18}$$

即

$$d = \lim_{r \to 0} \frac{\lg k - \lg N_r(A)}{\lg r} = -\lim_{r \to 0} \frac{\lg N_r(A)}{\lg r} \tag{4-19}$$

在计算中，使用一些直径为 r 的圆（盒子），计算出不同 r 值的盒子覆盖 A 的个数 $N_r(A)$，然后在以 $\lg r$ 为横坐标、以 $\lg N_r(A)$ 为纵坐标的双对数坐标系中，采用最小二乘线性回归方法求出拟合曲线的斜率，其斜率即为分形维数（盒维数）。

气孔换算标准：硬化混凝土孔结构测定仪是在给定的圆形度下测得圆形气孔数，在计算盒维数过程中，将混凝土中的气孔假设为规则的圆形气孔，选择 n 个尺寸的圆形盒子作测度，圆形盒子的尺寸对应的气孔直径为 R_i（$i=1$，2，3，$\cdots$，n），用它无重叠覆盖所有直径大于或等于 R_i 的气孔，对于直径大于 R_i 的气孔，利用面积相等原则将其转化为直径为 R_i 的气孔，从而得到直径为 R_i 的换算气孔数，记为 N_i，由此得到一组数据 $[R_1, N_{r1}]$，$[R_2, N_{r2}]$，$\cdots$，$[R_n, N_m]$。在双对数坐标系中是针对气孔直径和换算气孔个数进行的线性回归，从而得到相应的分形维数。气孔分布分形模型是基于硬化混凝土测定仪测试方法而建的，计算所得盒维数反映了混凝土内部的气孔分布情况，故盒维数也可称为气孔分布分形维数[7]。

2. 冻融前玄武岩纤维混凝土孔结构分形特征

分形维数是对混凝土内部孔隙结构复杂性的综合反映，同时也是对复杂孔隙结构的定量表征。玄武岩纤维混凝土孔结构特征如图 4-21 所示。由图 4-21 可知，冻融前，混凝土分形维数随纤维掺量的增加而增加，且呈线性增长，线性拟合相关系数为 0.99009。分形维数值越大，表明混凝土孔隙特征越复杂，也说明了玄武岩纤维能够改变混凝土内部的孔隙结构。随纤维掺量的增加，分形维数增大，孔结构得到优化，即，含气量越低、平均孔径越小、孔表面积越大，而且小孔数量增加、大孔数量减少。其线性相关度虽然较高，却有很大的局部性，因为纤维掺量若继续增加势必引起试件制作成型过程中纤维结团的现象，使得其无法起到优化混凝土内部孔隙结构的作用，相应的分形维数值与纤维掺量的关系也将出现下降趋势，即纤维掺量不是越多越好。

在研究各孔结构参数与分形维数的关系时，各参数的试验值不属于同一个数量级，故对其进行归一化处理，其结果如图 4-22 所示：含气量、孔平均弦长、孔间距系数随分形维数的增加呈线性减小趋势，其相关系数分别为 0.80181、0.92477、0.94423，孔比表面积随分形维数的增加而增加，呈指数增长趋势，其相关系数为 0.98092。分形维数与各孔结构参数良好的相关性表明分形维数可以较好地反映混凝土内部孔隙结构特征，为其作为评价混凝土孔径分布的一种综合性表征参数提供了理论依据。随着分形维数的增大，孔比表

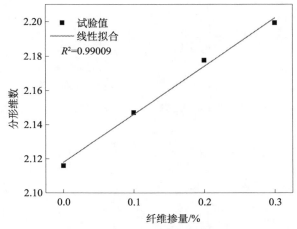

图 4-21　冻融前分形维数与纤维掺量的关系

面积增加较快，且相关度较高，表明分形维数值越大，混凝土孔比表面积变化响应的灵敏度越高，间接表明了纤维掺量对混凝土孔隙结构的优化作用，且对孔比表面积的优化作用最为明显。

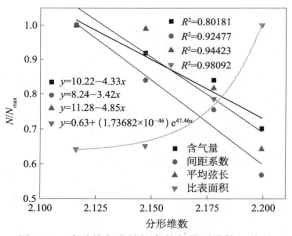

图 4-22　冻融前各孔结构参数与分形维数的关系

3. 单面水冻融下玄武岩纤维混凝土孔结构分形维数分析

通常情况下，冻融环境下最佳纤维掺量的选择以冻融过程中混凝土试件的单位面积质量损失和动弹模量作为评价依据，两种参数均属宏观指标。本节从混凝土微观孔结构随冻融循环次数增加的损伤劣化程度中选择最佳纤维掺量，因分形维数可作为孔隙结构的综合表征参数，定量描述孔隙结构复杂程度，故选择冻融循环过程中分形维数的变化值表征孔隙结构的损伤劣化程度。冻融循环试验过程中，每隔 8 次循环取相应试件测试其孔隙结构，并计算其分形维数值。每种纤维掺量的试件每隔 8 次冻融循环取一个测量试件，64 次冻融循环内可计算出 8 个分形维数值。由于试件在制备过程中影响因素众多，且发现被测试件自身在冻融循环前其孔结构就存在一定的离散性，所以在分形维数值的选取时扩大取样间隔，以达到因冻融产生的孔隙劣化抵消测量试件所带来离散性的效果。因此，每种纤维掺量的试件分别在 8、36、64 冻融循环次数时选取对应的分形维数值。

　　每种纤维掺量下所计算的分形维数与水冻融循环次数关系如图 4-23 所示，总体呈线性递减趋势。分形维数值越小，表明混凝土孔隙特征越简单，也说明了冻融循环改变混凝土内部的孔隙结构使其简单化。对其进行线性拟合，每种掺量下的相关系数均较高，为取拟合后的直线斜率值作为分形维数的变化速率提供了依据，故 0%、0.1%、0.2%、0.3%纤维掺量混凝土的拟合直线斜率值分别为 -0.00178、-0.00189、-0.00137、-0.00176。斜率值越大，分形维数随冻融循环次数增加而减小的幅度越低，表明混凝土内部孔隙结构因冻融循环次数的增加而产生劣化的速率越慢，劣化程度越小。因为其斜率值 -0.00137 为四组纤维掺量中最大，所以，玄武岩纤维混凝土在单面水冻融环境下的最佳纤维掺量为 0.2%。

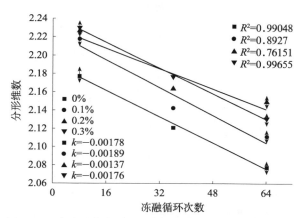

图 4-23　水冻融条件下分形维数和冻融循环次数的关系

4. 单面盐冻融玄武岩纤维混凝土孔结构分形维数分析

　　盐冻融条件下，同样以混凝土微观孔结构随冻融循环次数增加的劣化程度选择最佳纤维掺量，且数据采集方法与水冻条件类似。由图 4-24 可知，四种纤维掺量玄武岩纤维混凝土试件的分形维数随冻融循环次数的增加逐渐降低，对其分形维数值与冻融循环次数进行线性拟合，拟合后的相关系数随纤维掺量增加依次为 0.99853、0.99681、0.99995、0.84651，表明盐冻融条件下将拟合曲线斜率作为分形维数变化值的可靠性。0%、0.1%、0.2%、0.3%纤维掺量的混凝土的分形维数变化值分别为−0.00166、−0.00242、−0.00108、−0.00171，0.2%纤维掺量的混凝土分形维数变化值最大，因此，玄武岩纤维混凝土在单面盐冻融环境下的最佳纤维掺量为0.2%。

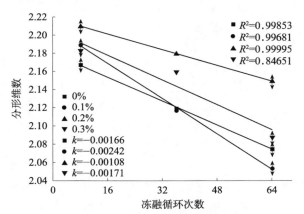

图 4-24　盐冻融条件下分形维数和冻融循环次数的关系

参 考 文 献

［1］吴中伟，廉慧珍．高性能混凝土［M］．北京：中国铁道出版社，1999：18-20.

［2］Deng J L. The control problem of grey systems［J］. System Control Letter，1982，1（5）：288-294.

［3］杜栋，庞庆华．现代综合评价方法与案例精选［M］．北京：清华大学出版社，2005：111-134.

［4］李梦梦．混掺纤维高强自密实混凝土性能研究［D］．大连：大连交通大学，2013.

［5］唐明．混凝土孔隙分形特征的研究［J］．混凝土，2000，8：3-5.

［6］唐明，黄知广．测度关系法评价水泥基材料孔隙 SEM 分形特征［J］．沈阳建筑大学学报（自然科学版），2007，（06）：952-956.

［7］金珊珊，张金喜，陈春珍，等．水泥砂浆孔结构分形特征的研究［J］．建筑材料学报，2011，14（1）：92-97.

［8］Jin S S, Zhang J X, Huang B S. Fractal analysis of effect of air void on freeze-thaw resistance of concrete［J］. Construction andBuilding Materials，2013，（47）：126-130.

［9］朱华，姬翠翠．分形理论及其应用［M］．北京：科学出版社，2011.

第5章 冻融环境下玄武岩纤维混凝土的弯曲损伤破坏

目前，评价混凝土冻融损伤的指标主要是质量损失率和相对动弹性模量[1,2]，但二者均为描述混凝土抗冻性和变形能力的平均指标，虽然能够在整体上反映混凝土构件的损伤状态，但它们不能反映冻融对混凝土构件损伤破坏全过程的影响规律。数字图像相关（digital image correlation，DIC）方法是一种可用来测试材料表面变形过程中的位移场和应变场的光学测试方法，其测量精度高、操作简单，因此在各种工程测量中被广泛应用。混凝土损伤破坏最主要的特征是变形和裂缝的产生，近年来利用实时的光学变形数据来分析混凝土损伤破坏过程得到更多的重视[3-5]。本章将DIC方法与混凝土弯曲试验相结合，实时观测冻融后玄武岩纤维混凝土损伤和破坏过程的变形场，通过应变统计分析来表征混凝土弯曲损伤破坏性能，并进一步探讨冻融和纤维掺入对混凝土损伤破坏的影响规律。

5.1 试验概况

5.1.1 试验材料

水泥选用42.5级普通硅酸盐水泥，细骨料选用天然水洗河砂，细度模数为2.45；粗骨料选用连续级配的砾石，粒径为5～16mm；水采用自来水；玄武岩纤维选用长度为18mm、直径为15μm的短切型纤维。本试验所配制基准混凝土的强度等级为C30，各种材料质量配比为水泥∶水∶砂子∶石子＝1∶0.5∶1.475∶2.74。玄武岩纤维掺量有5种：$0.0kg/m^3$、$1.0kg/m^3$、$1.5kg/m^3$、$2.0kg/m^3$、$2.5kg/m^3$。

5.1.2 试验方法

1. 总体试验方案

本章采用快速冻融试验方法，冻融介质为水，具体试验方法见2.1.3节。

融循环次数分别为 0、15、30、45、60、75。对经过不同冻融次数的玄武岩纤维混凝土试件进行三点弯曲试验，使用 WDW-10 型微机控制万能试验机进行加载，加载过程的位移控制速率为 0.5mm/min。加载同时启动数字图像测试系统对试件表面变形过程进行记录，如图 5-1 所示。首先由电荷耦合器件（CCD）镜头对试件表面的散斑图像进行拍摄，并传回图像采集卡保存下来。试验后期，通过图像分析系统对散斑图像进行计算，得到试件表面的位移和应变结果。

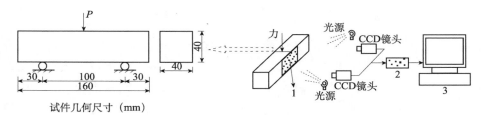

图 5-1　试验测试系统示意图

1 代表 DIC 计算区域；2 代表图像采集卡；3 代表图像分析系统

2. DIC 试验设备及其调试、使用方法

DIC 试验采用北京睿拓时创科技有限公司生产的图像采集系统配合 Vic-3D-2012 软件进行，图像采集设备见图 5-2。数字图像相关设备由图像采集系统和计算主机两部分组成，图像采集系统用于采集图像，计算主机对采集图像进行分析。

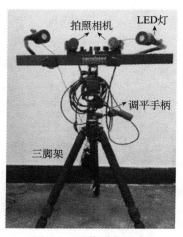

图 5-2　图像采集设备

图 5-2 所示的拍照相机为 200 万像素的 CCD 相机，为了得到真实的应变数

据，试验中采用 3D-DIC 方法：使用 2 台同样的相机保持位置不变，并且同时拍摄。拍摄的相片经过软件在计算机中三维重建计算出位移和应变。补光灯采用白炽灯，这样可以避免交流灯频闪对拍摄造成的影响。三脚架用于调整相机与被拍摄物体的距离和角度，同时固定两个相机的相对位置、保持相机在拍照过程中的稳定。DIC 试验由试件上的散斑制作，图像采集、分析两部分组成。下面对具体操作过程进行介绍。

3. DIC 散斑制作

为了使 DIC 所得结果更加准确，在试验前需要对试件面向相机镜头的一面做喷散斑处理。散斑颜色应尽量选择与试件颜色对比度大的颜色，同时要使用哑光漆喷斑，从而避免曝光过度影响试验结果，本试验采用黑色哑光漆。

散斑的大小在理论上控制在 5～7 个像素大小为最好。但如何能够喷制适合相应试验的散斑一直是数字图像相关技术研究的重点和难点，目前还没有一种规范且行之有效的方法，多数依靠经验。本试验在制作散斑时，先将黑色哑光漆在室温下放置一段时间，避免因温度高造成漆斑太小、太密不易识别，也要避免因温度低而使所喷出的漆成滴下落或使漆斑太大，降低识别精度。喷漆前要把漆充分摇匀，避免喷出大的漆斑。

喷斑时，将试件待喷面向上，与一张白纸并排放在室外背风处。为了易于控制喷斑大小、避免浪费试件，喷口不直接对准试件，而是让喷漆喷射方向平行于地面，控制力度使喷漆均匀喷出，飘落在白纸上。根据白纸上的散斑大小和疏密程度，调整喷漆力度和时间，符合要求后水平旋转喷口，使同样的散斑落在试件表面。完成喷斑后，不要在试件范围内停止喷斑，保持按压喷漆键的力度，水平旋转喷口，待喷出的漆落在试件外后，停止喷漆，从而避免停止喷漆时在试件上落下成滴漆斑。待喷漆风干后，喷漆工作完成。试件的散斑效果如图 5-3 所示。

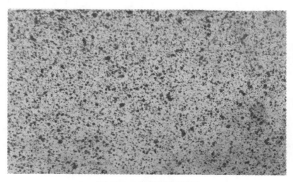

图 5-3　散斑效果图

4. DIC 图像采集系统调试和图像采集、分析

图像采集系统的调试和图像采集、分析如下列步骤所示。

（1）调试图像采集系统前，先将试件放在试验开始时其所在的位置，作为调整图像采集系统的基准，放置时需将喷有散斑的一面朝向相机镜头。

（2）调整采集系统三角支架的高度，尽可能使两个相机镜头与试件在同一水平面上。调整两台相机镜头的夹角及相对距离，控制相机视线相交的角在45°左右，相对距离适当。

（3）启动 Vic-3D 的拍照软件，根据试件大小及所拍摄到的图像，调整三角支架与试验机的距离，使两台相机均能拍到试件喷斑面的全场（包括考虑试验变形后），喷斑面的图像也要尽量充满两台相机的视野。

（4）分别调整两个相机镜头的焦距，使放大拍摄到的实时图像最清晰。如果无法判断所拍摄的图像是不是最清晰，还可以拿掉试件，在相同位置放置只有黑白两色的标定板，调节焦距时观察黑点与白色底面相交处，成像清晰即认为焦距已调整好。

（5）调整补光灯的角度及光线强弱，尽可能使光线明亮，增加所拍摄图像的对比度，但不要因为光线太强使拍摄到的图像出现反光点。

（6）调整好焦距和光线后，对试件位置进行标定。使用已在计算机中记录了大小和形状的标定板，对试件所在位置的空间大小和位置进行标定。选择和试件大小相差不大的标定板换下试件，并在试件原来所在的位置面向两个镜头摆放各个角度，对每一种角度的标定板进行拍摄，得到不少于 20 组标定图片。剔除不合格的照片后，在 Vic-3D 软件中分析计算，使计算机得到试件所处位置的信息。

（7）使用图像采集系统对试件破坏过程进行实时的图像采集。当加载压力机上加载端贴紧试件，并稍产生压力时，图像采集装置开始采集图像，采集速率定为每隔 150ms 两台相机同时采集一组，当传感器所受压力降至 0.05kN 时，停止采集。

（8）对拍摄的图像进行分析。

首先设定基准图片（软件将以基准图片为基准对后续图片进行位移、应变分析），本试验中设置每个试件所拍摄的第一张图片为基准图片。

选定好基准图片后，需要在基准图片的试件上选择分析区域，软件将对分析区域内试件的位移和应变作出分析。在分析区域中设定子区域的大小，子区域需要大小适当：软件通过每个子区域内散斑及其他表观特征来分辨不同子区域，子区域太小会使软件不能准确识别，子区域太大会使计算精度降低，软件会根据试件表面特征给出建议值。本试验通过喷斑等方法将子区域大小控制在 30 左右。

采用软件对图像进行分析，分析完成后在分析区域内选择需要分析的点，得出各点水平、竖直、离面方向的位移、应变等物理参量。

5.2　基于 DIC 的混凝土弯曲损伤破坏性能分析

5.2.1　弯曲破坏过程

在加载过程中，由 DIC 测得的试件表面水平应变场变化特征较为明显，因此选取未掺纤维、未冻融的混凝土试件在加载过程中 A～F 六个典型时刻对应的水平应变云图并结合荷载挠度曲线进行分析，如图 5-4 所示。

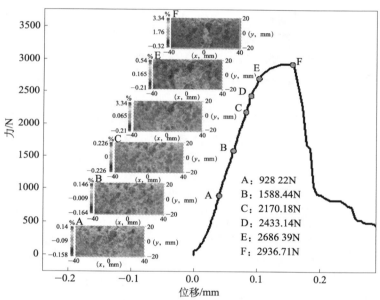

图 5-4　不同荷载作用下水平应变 ε_{xx} 的分布云图及荷载挠度曲线（详见书后彩图）

微裂缝弥散阶段。在加载初期（A 点处）水平应变云图上部代表压应变的蓝色区域较多，下部代表拉应变的黄绿色区域较多，说明试件整体呈上压下拉的受力状态。随着荷载的增加（B 点处），上部蓝色压应变区域加深，下部边缘开始出现多处红色拉应变的集中区域，这表明在试件底部薄弱处产生了多处微裂缝。而 A 点和 B 点的水平应变云图整体又呈条纹状分布，这是由于，混凝土是一种非均匀材料，在荷载作用下，应力将首先在混凝土内部的薄弱处集中，使该处的应变增大，当荷载增大使内部薄弱处出现微小裂缝或微裂缝扩展时，导致该处集中的应力得以释放，该处应变回缩，与此同时在下一个薄弱处又会形成应力集中，所以会出现应变云图的条纹状分布。试件这种应力应变的调整阶段可称作微裂缝弥散阶段，此阶段试件内部的损伤较小，由荷载挠度曲线可知，此阶段试件处于弹性变形阶段。

宏观裂缝选择阶段。随荷载进一步增加（C 点处），试件下部边缘处的多处红色拉应变集中区域逐渐变为三处较为明显的区域，且呈向上扩展的趋势，此时拉应变数值增大。这表明随应力增加试件会选择底部最薄弱处形成宏观裂缝来承担应力和耗散能量，底部其余各处应变回缩。当荷载增加到 D 点处，上部压应变区域的颜色逐渐变为蓝紫色，底部宏观裂缝由三条变为两条，应变数值进一步增大。这是由于试件中的骨料或是强度较好的水泥基体抑制了宏观裂缝的扩展，但由于荷载的增加，宏观裂缝仍会在强度最小的缺陷处或是界面来进一步扩展，所以该阶段可称为宏观裂缝选择阶段，而由荷载挠度曲线可知，该阶段处于弹性变形和塑性变形之间，是损伤进一步累积的过程。

主裂缝稳定扩展阶段：荷载继续增加（E 点处），水平应变云图中蓝紫色压应变区域不断扩大，甚至出现在试件的左右两侧，但两侧的压应变数值较小，这主要是由试件与支座之间存在摩擦作用引起的。而试件底边的宏观裂缝形成一条主裂缝并向上扩展。当荷载达到极值（F 点处）时，主裂缝继续扩展形成通缝，试件失稳破坏，裂缝以外区域应变回缩，应变值基本为零。该阶段为主裂缝形成、扩展和失稳阶段，可称为主裂缝稳定扩展阶段，对应荷载挠度曲线的塑性变形阶段。

5.2.2 水平应变场统计分析

通过对 DIC 获得的水平应变云图（图 5-4）的分析可知，试件断裂过程的水平应变 ε_{xx} 能够较好地反映试件弯曲破坏各个阶段的损伤变化特征，同时，水平应变值较大的点在一定程度上能表示试件损伤和裂缝形成的过程，为了进一步研究试件的损伤断裂过程，本书对全场水平应变进行统计分析。

由于 DIC 获得的水平应变数据量较大，本书在 DIC 整个计算区域内均匀选取 3000 点，分别对所有点、水平应变最大的前 300 个点（即 10%）、前 150 个点（即 5%），前 75 个点（即 2.5%）的水平应变统计求均值，并给出随荷载的变化过程，如图 5-5 所示。

从图 5-5 中可知：前 300 个点、前 150 个点、前 75 个点的水平应变均值的变化趋势相似，大约在 2.0kN 之前随荷载增大水平应变均值呈缓慢增长，约在 2.0～2.5kN 水平应变均值增长速率有所增加，约在 2.5kN 之后水平应变均值的增长速率明显增大，此过程大约对应图 5-4 中试件破坏的裂缝弥散、裂缝选择和主裂缝扩展的各个阶段，能够较好地反映试件在损伤断裂过程中的线性和非线性特征。

而所有点的水平应变均值，在整个加载过程中始终呈缓慢增长，没有明显的阶段特征，不能反映试件的损伤断裂过程。因此本书将采用前 150 个点的水

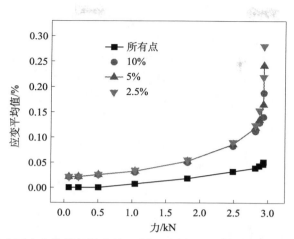

图 5-5　所有测点水平应变均值与最大前 10％、5％和 2.5％点水平应变均值随荷载的变化

平应变来进一步分析试件的弯曲破坏过程。

5.2.3　破坏过程应变双因子表征

由文献［6］并结合 5.2.2 节统计分析可得，前 150 个数值较大水平应变点的数值和空间分布特征能够有效描述试件的损伤演化及破坏过程。本章以未冻融未掺纤维的混凝土试件为例，采用损伤程度因子 D_f 和局部化因子 L_f 来表征试件的弯曲损伤破坏过程。

1. 损伤程度因子 D_f

首先，统计前 150 个较大水平应变点的平均值与 3000 个点的水平应变平均值之差：

$$\varepsilon = \frac{1}{150} \sum_{i=1}^{150} (\varepsilon_{xx})_i - \frac{1}{3000} \sum_{i=1}^{3000} (\varepsilon_{xx})_i \qquad (5\text{-}1)$$

其中，$\frac{1}{150} \sum_{i=1}^{150} (\varepsilon_{xx})_i$ 是前 150 个较大水平应变的均值；$\frac{1}{3000} \sum_{i=1}^{3000} (\varepsilon_{xx})_i$ 是所有点的水平应变均值。

本书定义损伤程度因子 D_f 为

$$D_f = \varepsilon / \varepsilon_{\max} \qquad (5\text{-}2)$$

其中，$\varepsilon_{\max}$ 为 ε 的最大值，即荷载达到极值时的 ε。由式（5-2）可知，通过前 150 个应变较大值与全场应变均值的差值来定义 D_f，能够在一定程度上反映试件破坏过程的损伤程度。

图 5-6 给出了未掺纤维、未冻融的混凝土试件的损伤程度因子 D_f 随加载过程的变化曲线，由图可知该曲线可以分为三个阶段：初始阶段Ⅰ，荷载为 0～

2000N（0~66％荷载极值），损伤程度因子随荷载增大呈线性增长，但增长趋势较平缓，最大值不超过0.3。由5.2.1节对A点和B点的分析可知，阶段Ⅰ为试件受荷过程中微裂缝弥散阶段，但宏观上体现为弹性变形，这说明加载初期荷载对试件造成的损伤程度较小，试件整体强度较高，变形以弹性变形为主。

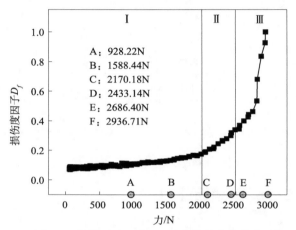

图5-6　损伤程度因子D_f随荷载的变化曲线

在阶段Ⅱ中，荷载为2000~2500N（66％~84％荷载极值），损伤程度因子曲线的增长趋势有所增加，开始出现非线性的特征，D_f的值为0.3~0.4，对应5.2.1节中的C点和D点，阶段Ⅱ为裂缝选择阶段，在此过程中试件的损伤加剧，内部裂缝、空隙逐渐扩展汇聚成多条宏观裂缝，并选择内部最薄弱处的裂缝进一步扩展。

随荷载继续增加达到2500~2936.707N（84％~100％荷载极值），试件进入阶段Ⅲ，损伤程度因子随荷载急剧增加，D_f从0.4迅速增加到1.0。对应5.2.1节E点和F点，此阶段主裂缝形成并加速扩展，当荷载达到极限值时，试件发生断裂破坏。

从能量角度分析，如图5-7所示，能量驱动混凝土试件破坏机制为：外界输入能量一部分以弹性能的形式积聚在混凝土试件中，使内部的能量源E_e不断增加；而外界输入能量的另一部分则以产生塑性变形和损伤的形式耗散，从而降低混凝土试件存储弹性能的能力，即储能极限E_c。而当能量源E_e与储能极限E_c相等时，试件发生破坏。

因此，对于图5-6中阶段Ⅰ来说，试件损伤程度因子较小，且增幅缓慢，这说明此时加载输入的能量大部分以弹性应变能的形式积聚在试件内部，不断地提高驱动试件破坏的能量源E_e，只有少部分以损伤能和塑性变形能的形式耗

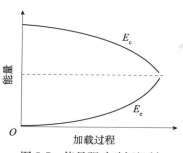

图 5-7　能量驱动破坏机制

散，来降低试件强度和储能极限 E_c。当达到阶段Ⅱ时，损伤程度因子不断增大，说明加载输入的能量转化为弹性应变能的比例有所下降，以裂缝表面能、摩擦热能和塑性变形能等形式耗散的部分不断增加，此时变形处于弹塑性的过渡阶段。当进入阶段Ⅲ时，试件损伤程度因子加速上升，说明以裂缝扩展的动能、表面能、摩擦热能和塑性变形能的耗散能所占的比重提高，使试件储能极限 E_c 进一步下降，当荷载达到极限值时，由于试件损伤而降低的试件储能能力 E_c 低于试件由弹性形变而存储的能量 E_e，此时试件发生断裂破坏。

2. 局部化因子 L_f

图 5-8 给出了对应 5.2.1 节中 A～F 六个典型时刻的前 150 个水平应变数值较大点的空间位置分布图。由图可知，随着荷载的增大，水平应变数值较大点的位置从弥散逐渐积聚，这与试件损伤破坏过程对应，同时水平应变较大值主要是由试件表面裂缝产生引起的，因此水平应变数值较大点的空间位置分布也可以在一定程度上反映试件的弯曲损伤破坏过程。

对前 150 个水平应变数值较大点的坐标位置进行相关性分析，引入相关性系数：

$$C_{xy} = \frac{\left| \sum_{i=1}^{150} (x_i - \overline{x})(y_i - \overline{y}) \right|}{\sqrt{\sum_{i=1}^{150} (x_i - \overline{x})^2} \sqrt{\sum_{i=1}^{150} (y_i - \overline{y})^2}} \tag{5-3}$$

其中，$\overline{x}$ 和 $\overline{y}$ 为前 150 个较大水平应变点的横向和纵向坐标平均值。

定义局部化因子 L_f 为

$$L_f = 1 - C_{xy} \tag{5-4}$$

由式（5-3）和式（5-4）可知，相关系数取值范围为 $0 < C_{xy} < 1$，则局部化因子取值范围也为 $0 < L_f < 1$，若 L_f 越大，则 C_{xy} 越小，说明前 150 个较大水平应变点的空间位置分布越分散，此时对应试件损伤初期，即试件表面弥散分布着大量微裂缝；反之，说明较大水平应变点的空间位置分布越集中，此时对应

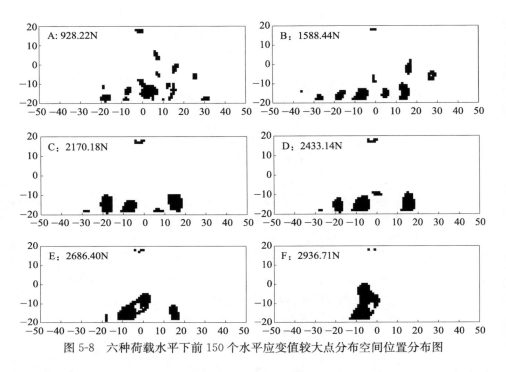

图 5-8　六种荷载水平下前 150 个水平应变值较大点分布空间位置分布图

试件损伤较大；当 L_f 趋于 0 时，较大水平应变点的空间位置分布接近一条直线，表明试件形成宏观裂缝，应变较大值点主要沿宏观裂缝分布。

未掺纤维、未冻融的混凝土试件的损伤局部化因子 L_f 随加载过程的变化曲线如图 5-9 所示。由图可知，损伤局部化因子曲线在阶段 I 的下降趋势较缓慢，L_f 值下降幅度较小，说明此时前 150 个水平应变值较大点的空间位置分布较为分散，由图 5-8 中 A 和 B 也能直观看出，应变较大值虽然偏向拉应力较大的底边，但分布仍然散乱，说明此阶段损伤程度较小，损伤微裂缝呈弥散分布，局部化因子 L_f 较大。

从阶段 II 到阶段 III，随荷载的增加，损伤局部化因子曲线的下降趋势有所增加，L_f 值进一步降低，当荷载达到极值时，L_f 值下降到 0.75，说明此时试件表面微裂缝汇聚形成宏观裂缝，损伤速度逐渐加快，由图 5-8 中 C~F 也可知，随着宏观裂缝的选择和主裂缝的形成，应变较大值逐渐沿主裂缝汇聚并形成带状分布，使局部化因子 L_f 值降低。需要注意的是，损伤局部化因子在荷载极值处为 0.75，并非趋近于零，这说明应变较大值点的空间位置在极值处并没有完全集中在一条直线上，由图 5-8 中 F 也可知，水平应变较大值点集中分布在裂缝及其以外的一定宽度内，这是由于混凝土试件在形成宏观裂缝的同时会在裂缝周围形成一个断裂过程区，该区域内基体疏松、变形增大，因此水平应

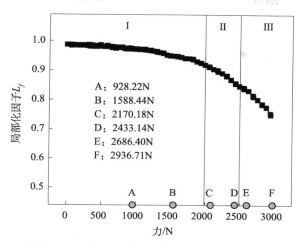

图 5-9　损伤局部化因子 L_f 随荷载的变化曲线

变较大值点才会呈现条带状分布，在荷载极值处的损伤局部化因子才没有趋于零。

5.3　冻融环境下玄武岩纤维混凝土的损伤程度因子分析

5.3.1　玄武岩纤维对损伤程度因子表征曲线的影响

通过对 DIC 得到的试件水平应变云图的分析可知，不同玄武岩纤维掺量的混凝土试件弯曲损伤过程的特征基本相同，为进一步分析纤维对混凝土弯曲破坏过程的影响，图 5-10 给出了不同纤维掺量下未冻融试件的损伤程度因子表征曲线。

由图 5-10（a）可知，在加载初期（荷载为 0～2500N），未冻融的不同玄武岩纤维掺量下试件损伤程度因子曲线的走势基本相同，都呈平缓的线性增长，在 2500N 附近增速有所提高，此时 D_f 约为 0.4，这说明玄武岩纤维在混凝土试件损伤破坏初期产生的影响较小，因为此时试件变形较小，玄武岩纤维约束变形的作用不能很好地发挥出来。

当荷载大于 2500N 时，不同纤维掺量的损伤程度因子曲线的增长速度呈不同程度的提高，且各条曲线开始分叉。纤维掺量为 0.0 的试件损伤程度因子增长最快，荷载极限值最小（约为 3000N），这说明未掺纤维的试件宏观裂缝的扩展速度要高于掺纤维的试件，前 150 个水平应变较大值的均值增长也最快，因此最先达到失稳破坏。纤维掺量为 2.0 的试件损伤程度因子增长相对最慢，但荷载极限值最大（约为 3800N），这说明纤维的掺入能够有效阻碍裂缝的扩

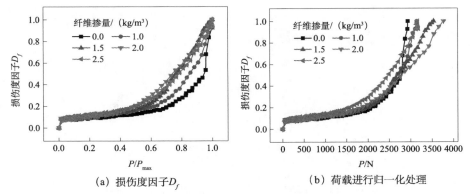

(a) 损伤度因子D_f　　　　　　　　(b) 荷载进行归一化处理

图 5-10　未冻融不同玄武岩纤维掺量混凝土试件损伤程度因子 D_f 曲线

展，降低扩展速率，同时起到约束变形的作用，使相同荷载作用下试件变形更小，从而降低试件的损伤程度，因此 D_f 的增长速度才会减缓，试件承受的荷载会更大。

从能量角度分析，当荷载大于 2500N 时，玄武岩纤维的掺入具有很好的耗能作用，能够耗散试件内部积聚的能量源 E_e；同时，玄武岩纤维的桥连拉结、约束变形的作用能够降低能量耗散对试件本身产生的损伤，从而提高试件的储能极限 E_c，因此试件在加载过程中的损伤破坏更缓慢，但强度更高。对于纤维掺量为 2.5kg/m³ 时，由于过量纤维的掺入引入了大量缺陷和薄弱过渡层，其损伤程度因子在加载初期上升较快，且荷载极限值有所下降；但在加载后期损伤程度因子变化曲线仍有所缓和，说明纤维仍起到了一定的阻裂作用。

为研究不同玄武岩纤维掺量试件损伤程度因子在各自加载过程的变化规律，对荷载进行归一化处理，即定义荷载 P 与荷载极限值 P_{max} 之比为横坐标，得到如图 5-10（b）的损伤程度因子变化曲线，由图可知，纤维掺量为 0 的试件损伤程度因子 D_f 在开始时增长缓慢，临近破坏时迅速增长；随着纤维掺量的增加，其损伤程度因子曲线在加载前期和后期之间的过渡更加平滑，D_f 的增长速率逐渐增加，因此，玄武岩纤维的掺入使混凝土试件的破坏模式由突变模式转变为渐变模式，即改善了混凝土脆性破坏的特点。

5.3.2　冻融对损伤程度因子表征曲线的影响

图 5-11 为未掺纤维试件在不同冻融循环次数下的损伤程度因子表征曲线。由图 5-11（a）可知，试件损伤程度因子随冻融循环次数的变化幅度较大。损伤程度因子曲线随冻融循环次数的增加，由平缓逐渐变得陡峭。未冻融的混凝土试件损伤程度因子曲线缓慢增长区段较长，即弹性变形阶段较长，说明未经冻融的试件内部结构致密，损伤程度较小；该试件的荷载极值最大，但当荷载

达到极值附近时，损伤程度因子迅速上升，试件脆性破坏。当冻融循环次数达到 30 时，由于冻融试件内部微裂缝、孔洞增多，试件整体变得疏松，荷载极值下降，弹性变形阶段缩短，且弹性阶段和塑性阶段的过渡更加平滑。当冻融次数达到 75 时，冻融损伤破坏严重，当加载到 240N 左右时就达到荷载极值，试件基本丧失承载能力。从能量角度分析，未经冻融试件的储能极限较高，加载初期输入的能量大部分以弹性应变能的形成存储在试件内部，由于在弹性阶段积聚了大量能量，一旦达到试件储能极限，能量将迅速释放，试件发生脆性破坏。随着冻融循环次数的增加，冻融损伤会逐渐降低试件本身的储能极限 E_c，同时在加载过程中疏松的内部结构会以裂缝表面能、摩擦热能和塑性变形能等形式耗散更多能量，因此试件破坏时的能量释放将大大减小，试件破坏呈延性。

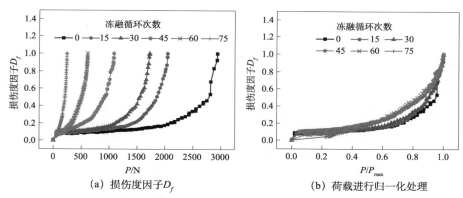

图 5-11　未掺纤维不同冻融循环次数混凝土试件损伤程度因子 D_f 曲线

同样对荷载极值做归一化处理，得到如图 5-11（b）所示的结果，在冻融次数 0～30 时，损伤程度因子曲线有较明显的弹性变形阶段和塑性变形阶段，而当冻融次数达到 45～75 时，整条曲线随荷载逐渐上升，无明显的阶段过渡，说明冻融导致弯曲破坏过程由突变模式转为渐变模式，但是这种转变是以牺牲其弯曲强度为代价的。

5.3.3　纤维和冻融共同作用对损伤程度因子表征曲线的影响

图 5-12 给出了在玄武岩纤维和冻融循环共同作用下，试件损伤程度因子表征曲线。由图 5-12 可知，随冻融循环次数的增大，损伤因子曲线的增长趋势迅速增大，这说明试件损伤破坏过程加快，荷载极值减小，但是玄武岩纤维的掺入在一定程度上能抑制冻融损伤的劣化速度，在整个冻融过程中，纤维掺量为 2.0kg/m³ 时，损伤程度因子曲线的上升速率最小，说明此时纤维对冻融损伤的抑制作用最大。

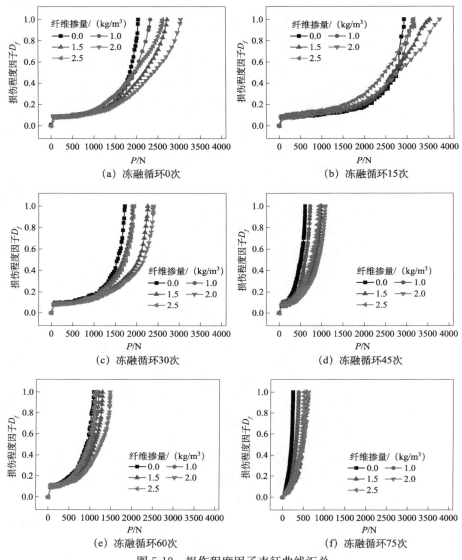

图 5-12　损伤程度因子表征曲线汇总

同时，随着冻融循环次数的增加，不同纤维掺量的损伤程度因子曲线之间由分散逐渐变为集中，荷载最大值的差距缩小，这说明冻融使纤维延缓试件损伤、提高弯曲强度的作用削弱，这是因为，冻融使混凝土内部疏松劣化，从而降低了玄武岩纤维与混凝土之间的界面黏结力，使纤维约束变形和桥连拉结作用逐渐降低。

由图 5-12 还可知，掺入适量纤维和增加冻融次数都能使试件损伤过程由突变模式变为渐变模式，但是区别在于，纤维通过阻裂耗能作用来延缓试件塑性变形过程，此时纤维一方面耗散试件内部积聚的弹性能，另一方面能提高混凝土本身的储能极限，因此损伤破坏过程延缓，但此时混凝土强度是提高的；而冻融是缩短弹性变形过程，即冻融损伤使混凝土本身的储能极限降低，此时疏松的内部能消耗大量的能量，但是混凝土试件的强度在降低。

5.4　冻融环境下玄武岩纤维混凝土的损伤局部化因子分析

5.4.1　玄武岩纤维对损伤局部化因子表征曲线的影响

由图 5-13（a）可知，未冻融的不同玄武岩纤维掺量下试件损伤局部化因子曲线在加载初期（0～2500N）各条曲线的走势基本一致，均缓慢下降，呈线性特征，该阶段试件损伤变形较小，纤维掺量的变化对试件微裂缝弥散过程的影响不大，玄武岩纤维作用未能充分发挥；在加载后期（2500N～荷载极值），损伤局部化因子曲线的下降趋势逐渐增加，呈非线性特征，此时试件的损伤加剧，宏观裂缝逐渐形成，但由于玄武岩纤维的掺入，其局部化因子曲线的下降速率有所不同。未掺纤维试件的损伤局部化因子曲线的下降速度最快，纤维掺量为 2.0kg/m^3 时的下降速度最慢，这是因为，此阶段玄武岩纤维能充分发挥桥连拉结作用，有效降低裂缝尖端的应力集中程度，抑制裂缝的扩展，因此相同荷载作用下，纤维掺量越大，裂缝扩展程度越小，最大应变值点的线性相关程度就越低，局部化因子 L_f 的下降程度就越小。对于纤维掺量 2.5kg/m^3，由于过量纤维带来的试件内部缺陷，玄武岩纤维抑制裂缝扩展和损伤积累的作用有所降低。

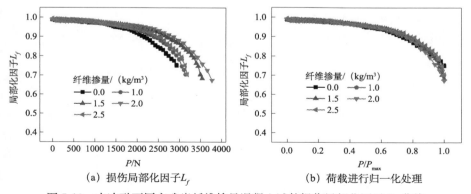

(a) 损伤局部化因子 L_f　　　　(b) 荷载进行归一化处理

图 5-13　未冻融不同玄武岩纤维掺量混凝土试件损伤局部化因子 L_f 曲线

由图 5-13（a）还可知，虽然玄武岩纤维掺入能减缓试件局部化因子曲线的下降速度，但由于荷载极值的不同，试件破坏时对应的 L_f 随纤维掺量的增加逐渐减小，这说明玄武岩纤维还能使试件在失稳破坏时的裂缝临界扩展长度增加，从而使水平应变较大值点的线性相关程度更大。但当纤维掺量为 2.5kg/m³时，对应的荷载极值减小，局部化因子增大，这说明掺入过量纤维不仅会使混凝土的强度下降，还会缩短裂缝的临界扩展长度。

同理，对荷载进行归一化处理，得到如图 5-13（b）所示的损伤局部化因子曲线，由图可知，各条曲线全过程的走势基本一致，说明纤维的掺入对试件受弯后微裂缝弥散到宏观裂缝形成的相对过程影响不大。

5.4.2　冻融对损伤局部化因子表征曲线的影响

从图 5-14（a）可知，未掺纤维试件的损伤局部化因子曲线随冻融循环次数的变化比较明显。未冻融时局部化因子曲线的下降趋势平缓，且有较长的缓慢线性下降的阶段，随冻融循环次数的增加，局部化因子曲线的下降趋势逐渐加快，加载初期缓慢线性下降阶段逐渐缩短，当冻融循环次数为 75 时，损伤局部化因子曲线竖直向下，试件基本失去承载能力，这是因为，冻融使试件内部疏松劣化，损伤加剧，试件受弯后微裂缝弥散过程缩短，宏观裂缝迅速形成扩展。由图 5-14（a）还可知，最大荷载处对应的局部化因子 L_f 的值随冻融循环次数的增加逐渐较小，这说明冻融循环次数越高的试件在荷载极值处最大应变值点的线性相关程度越高。这是因为，冻融使试件变得疏松劣化的同时，还会使试件在荷载极值处的变形更大，裂缝扩展更长，因此冻融循环次数越多，荷载极值处 L_f 的值越小。

在对荷载极值归一化处理后，如图 5-14（b）所示，由图可知损伤局部化因子曲线随冻融循环次数的增大，其下降趋势加快，说明冻融能使试件受弯后微裂缝弥散到宏观裂缝形成的过程加快。同时，冻融之后，损伤局部化因子表征曲线的线性和非线性的过渡更加平滑，局部化过程趋于渐变模式，这进一步说明冻融使玄武岩纤维混凝土的弯曲损伤破坏过程由突变模式转为渐变模式。

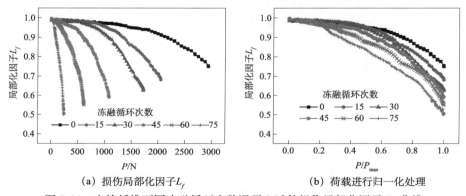

（a）损伤局部化因子 L_f　　　　　（b）荷载进行归一化处理

图 5-14　未掺纤维不同冻融循环次数混凝土试件损伤局部化因子 L_f 曲线

5.4.3　纤维和冻融共同作用对损伤局部化因子表征曲线的影响

由图 5-15 可知，随冻融循环次数的增加，玄武岩纤维混凝土的损伤局部化因子曲线的下降趋势逐渐加快，而随纤维掺量的增加，损伤局部化因子曲线的下降速度有所缓解，这说明冻融使混凝土试件的损伤加剧，但纤维的掺入能在一定程度上缓解冻融损伤。当纤维掺量为 2.0kg/m^3 时，纤维对冻融损伤的抑制作用最大，当纤维掺量为 2.5kg/m^3 时，由于纤维掺量过大，纤维的作用有所减弱。

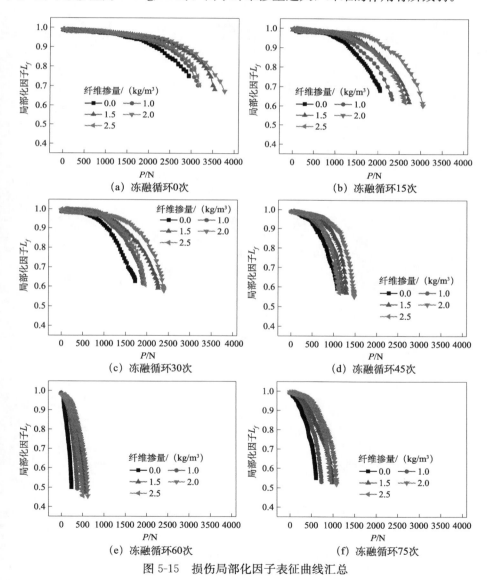

图 5-15　损伤局部化因子表征曲线汇总

由图 5-15 还可知，冻融和纤维掺入都会使混凝土试件在荷载极值处的局部化因子 L_f 减小，局部化程度提高，这主要是由主裂缝失稳时扩展长度增加所引起的，但二者的机理有所不同，冻融损伤使试件内部疏松劣化，变形能力增大，从而导致主裂缝在荷载极值处的扩展长度增长，而纤维是通过桥连拉结作用降低裂缝尖端的应力集中，使主裂缝在失稳的扩展长度更长。

参 考 文 献

[1] 洪锦祥，缪昌文，刘加平，等. 冻融损伤混凝土力学性能衰减规律 [J]. 建筑材料学报，2012，15（2）：173-178.

[2] 付亚伟，蔡良才，曹定国，等. 碱矿渣高性能混凝土冻融耐久性与损伤模型研究 [J]. 工程力学，2012，29（3）：103-109.

[3] Yu K Q，Yu J，Lu Z T, et al. Determination of the softening curve and fracture toughness of high-strength concrete exposed to high temperatre [J]. Engineering Fracture Mechanics，2015，149：156-169.

[4] Wu Z M，Rong H，Zheng J J, et al. An experimental investigation on the FPZ properties in concrete using digital image correlation technique [J]. Engineering Fracture Mechanics，2011，78（17）：2978-2990.

[5] Tahreer M F，Janet M L. Application of digital image correlation to reinforced concrete fracture [J]. Procedia Materials Science，2014，3：1585-1590.

[6] Zhang H，Huang G Y，Song H P, et al. Experimental characterization of strain localization in rock [J]. Geophysical Journal International，2013，194：1554-1558.

第6章 冻融条件下玄武岩纤维混凝土断裂性能

断裂韧度是指材料发生断裂破坏时裂缝尖端的临界应力场强度因子，它反映材料抵抗裂缝失稳扩展的能力，是材料的固有特性，与裂缝本身的大小、形状以及应力大小无关[1]。混凝土断裂韧度是描述混凝土断裂性能的重要参数，它可用来评估裂缝发展对混凝土结构造成的危险程度，并确定允许出现的裂缝长度。研究表明：冻融循环后，混凝土的断裂韧度和断裂能都明显下降[2,3]。目前对玄武岩纤维混凝土的断裂力学性能研究相对较少，特别是结合冻融破坏的研究更不多见。本章通过三点弯曲断裂试验，结合 DIC 观测非连续变形场的技术，对冻融循环作用下不同掺量的玄武岩纤维混凝土断裂韧度进行了研究，并对试验数据进行拟合，得到各断裂性能指标随冻融循环次数和纤维掺量的变化规律，为玄武岩纤维混凝土结构力学性能研究和耐久性设计提供理论和试验依据。

6.1 试验概况

6.1.1 试验材料

本章所用试验原材料、配合比、纤维掺量同第 5 章。

6.1.2 试验方法

试验方法与第 5 章相同。唯一不同的是试件采用切口梁，如图 6-1 所示，尺寸为 $L \times D \times B = 160\mathrm{mm} \times 40\mathrm{mm} \times 40\mathrm{mm}$，跨度为 $S = 100\mathrm{mm}$，切口深度 $a_0 = 10\mathrm{mm}$。

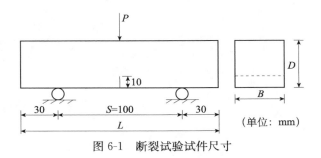

图 6-1　断裂试验试件尺寸

6.2　基于 DIC 的混凝土的断裂性能分析

6.2.1　试件三点弯试验断裂过程分析

由 DIC 方法可以得到试件断裂过程的水平位移云图和水平应变云图,随机选取试件,将其断裂过程中 5 个典型时刻的水平位移和水平应变云图分别列出,分别如图 6-2(a)~(e)和图 6-3(a)~(e)所示,图中沿 x 正方向为水平正位移,反之为水平负位移;水平拉应变为正值,水平压应变为负值。

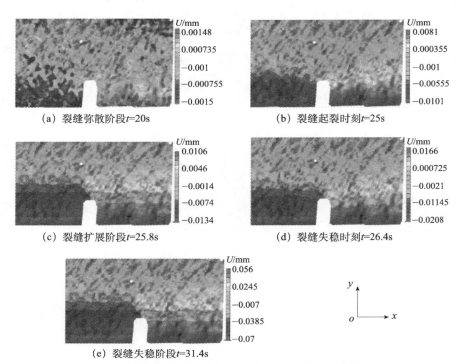

(a) 裂缝弥散阶段t=20s　　　　　　　(b) 裂缝起裂时刻t=25s

(c) 裂缝扩展阶段t=25.8s　　　　　　(d) 裂缝失稳时刻t=26.4s

(e) 裂缝失稳阶段t=31.4s

图 6-2　试件断裂过程的水平位移云图(详见书后彩图)

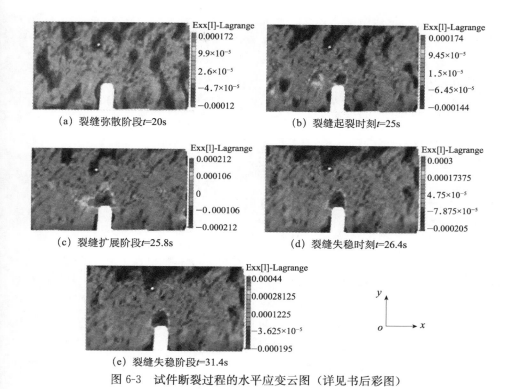

(a) 裂缝弥散阶段 t=20s

(b) 裂缝起裂时刻 t=25s

(c) 裂缝扩展阶段 t=25.8s

(d) 裂缝失稳时刻 t=26.4s

(e) 裂缝失稳阶段 t=31.4s

图 6-3　试件断裂过程的水平应变云图（详见书后彩图）

在加载初期，如图 6-2（a）所示，水平位移云图整体呈上压下拉的受力状态，但数值较小，同时，由于混凝土材料的不均匀性以及内部缺陷，切口梁各点的应力和变形不是均匀变化的，所以此时位移云图呈现点状分布。当荷载继续增加，如图 6-2（b）所示，切口梁下部的正向和负向位移区向上扩展，并在切口尖端首次出现水平位移突变，说明此时切口尖端出现宏观裂缝。切口梁开裂之后并没有立即破坏，荷载仍能继续增加，位移突变区域进一步向上扩展，形成一条较为明显的分界线，此时宏观裂缝稳定扩展，如图 6-2（c）所示，这表明混凝土裂缝起裂后不像理想均质材料一样立即开始失稳扩展，而是需要经历一个稳定扩展阶段，它是混凝土材料特有的断裂特性[1]。当荷载达到峰值时，如图 6-2（d）所示，宏观裂缝稳定扩展长度达到极限，此时为混凝土抵抗裂纹失稳扩展的临界状态。当荷载达到峰值后开始下降时，如图 6-2（e）所示，水平位移数值迅速增大，宏观裂缝失稳形成通缝，试件完全破坏。

与水平位移云图对应，水平应变云图的变化也有 5 个典型时刻。在加载初期荷载较小，如图 6-3（a）所示，水平应变云图呈蓝绿相间的条纹状分布，且随荷载增加，应变条纹呈交替循环出现，此时试件处于微裂缝弥散和应力调整阶段，主要原因是：混凝土材料的不均匀性以及内部存在缺陷，在荷载作用下，混凝土首先会在内部微裂缝尖端等薄弱处产生应力集中，之后迅速达到极限并破坏，应力集中处释放应力，并在下一个薄弱处形成应力集中，如此反复交替变化。当荷载增加到使切口梁出现宏观裂缝时，对应的水平应变云图为图6-3（b），此时在切口尖端附近首次出现水平应变集中增大的红色区域，这是由切口尖端起裂引起的较大变形所导致的。但该区域不呈细条纹状，而是呈带状分布，这说明宏观裂缝产生的同时会在缝端形成一个断裂过程区[4]。在宏观裂缝稳定扩展的阶段，随荷载的增加，水平应变云图如图6-3（c）所示，断裂过程区逐渐向上扩展，水平应变值增加，该阶段裂缝之所以没有马上引起试件的脆断，主要是由于断裂过程区具有阻裂耗能作用。图6-3（d）为荷载达到峰值时的水平应变云图，此时断裂过程区进一步扩展，水平应变数值增大，切口梁的承载能力达到极限。当荷载达到峰值之后，试件失稳破坏，如图6-3（e）所示。

由以上水平位移和水平应变云图分析可知，试件的断裂过程可分为三个阶段：在加载初期，试件内部微小裂缝处于应力调整阶段，该阶段为裂缝弥散阶段；当荷载继续增加时，切口尖端出现宏观裂缝，并逐渐向上扩展，但荷载仍能继续增加，该阶段为裂缝稳定扩展阶段；当荷载达到峰值以后，宏观裂缝失稳，试件完全破坏，该阶段为裂缝失稳破坏阶段。

为全面反映混凝土断裂过程的三个阶段，本章采用双 K 断裂模型[5]作为混凝土裂缝扩展的判断准则：$K<K_{ini}$，裂缝不起裂；$K=K_{ini}$，裂缝起裂；$K_{ini}<K<K_u$，裂缝稳定扩展；$K=K_u$，裂缝开始失稳；$K>K_u$，裂缝失稳扩展。其中 K 为混凝土裂缝尖端应力场强度因子，K_{ini} 和 K_u 分别为混凝土起裂韧度和失稳韧度。

6.2.2　起裂荷载 P_{ini} 的确定

由 6.2.1 节分析可知，试件断裂过程中有较为明显的起裂点，为确定起裂点的准确位置，本章在水平位移云图中切口尖端区域分别取两点 A 和 B，且这两点分别位于宏观裂缝的两侧，如图6-4所示，然后绘制 A 和 B 两点的水平位移之差 U（即两点的水平间距）随时间的变化曲线，并与荷载时间曲线进行对比分析，如图6-5所示。

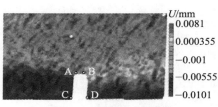

图 6-4　计算点布置图

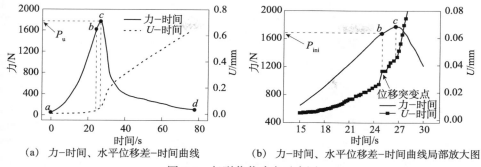

(a) 力-时间、水平位移差-时间曲线　　　(b) 力-时间、水平位移差-时间曲线局部放大图

图 6-5　起裂荷载确定示意图

由图 6-5（a）可知，荷载时间曲线的走势与切口梁断裂过程相对应，也大致可分为三个阶段：

ab 阶段，荷载随时间近似呈线性增长，与之对应的 A、B 两点水平间距 U 呈缓慢增长的趋势，此时试件整体上表现为弹性变形特征，对于 ab 段初始部分荷载随时间不呈线性增长，主要是由试件形状的不规则性、表面不平整以及压力机的变形造成的偏心所引起的。

bc 阶段，荷载时间曲线出现弯曲，呈非线性增长，两点水平间距 U 有小幅波动。为进一步观察水平间距变化，取时间段为 15～30s 的水平间距时间曲线，局部放大，如图 6-5（b）所示，可见水平间距在 b 点对应的时间处发生突变，此时时间为 25s，这与水平位移云图 6-2（b）对应，即切口尖端出现位移梯度突变点，这进一步说明此时切口尖端产生宏观裂缝，则此时可作为试件断裂过程的起裂点，对应的荷载即为起裂荷载。起裂之后，水平间距 U 在 bc 对应时间段内稳定增长，在此期间宏观裂缝不断扩展，但由于断裂过程区的存在，试件没有马上失稳破坏，而是表现为弹塑性变形特征。

cd 阶段，此时断裂过程区的阻裂作用达到极限，裂缝失稳扩展，失稳初期由于荷载较大，裂缝扩展速度较快，荷载时间曲线迅速下降，水平位移间距 U 迅速增长，随着荷载的下降以及裂缝尖端应力的释放，荷载时间曲线下降趋势和水平间距 U 增长趋势逐渐变缓，直到试件完全破坏。

由上述分析可知，A、B 两点水平间距的突变处可作为起裂点，对应的荷载为起裂荷载 P_{ini}。

6.2.3　起裂韧度 K_{ini} 的确定

因为试件是跨高比为 2.5 的非标准试件，所以起裂韧度的计算采用文献[6] 推荐的公式（6-1）计算：

$$K = \frac{3PS}{2BD^2}\sqrt{D}k_\beta(\alpha) \tag{6-1}$$

式中，P 为跨中集中荷载；S 为跨度；D 为试件截面高度；B 为试面厚度；α 为缝高比，$\alpha=a/D$（a 为试件跨中裂缝长度）；β 为跨高比，$\beta=S/D$，且当 $\beta \geqslant 2.5$ 时，与缝高比 α 和跨高比 β 相关的函数关系式 $k_\beta(\alpha)$ 计算方法如式（6-2）所示：

$$k_\beta(\alpha)=\frac{\alpha^{1/2}}{(1-\alpha)^{3/2}(1+3\alpha)}\left\{p_\infty(\alpha)+\frac{4}{\beta}\left[p_4(\alpha)-p_\infty(\alpha)\right]\right\} \quad (6\text{-}2)$$

$$p_4(\alpha)=1.9+0.41\alpha+0.51\alpha^2-0.17\alpha^3$$

$$p_\infty(\alpha)=1.99+0.83\alpha-0.31\alpha^2+0.14\alpha^3$$

因此起裂韧度 K_{ini} 可根据试验所得起裂荷载 P_{ini} 以及初始裂缝长度 a_0 代入式（6-1）进行计算，其中缝高比为：$\alpha_0=a_0/D$，P_{ini} 和 K_{ini} 的计算结果见表 6-1。

表 6-1　断裂参数试验结果

冻融循环次数	纤维掺量/(kg/m³)	P_{ini}/N	a_0/D	K_{ini}/(MPa·m$^{1/2}$)	P_u/N	$COMD_u$/($\times 10^{-2}$mm)	E/GPa	a_c/D	K_u/(MPa·m$^{1/2}$)
0	0.0	1737.04	0.25	0.70	1769.61	2.44	33.89	0.48	1.33
	1.0	1767.21	0.25	0.71	1945.17	2.26	35.09	0.45	1.35
	1.5	1840.07	0.25	0.74	2232.94	2.54	29.77	0.42	1.40
	2.0	1753.53	0.25	0.70	2336.95	2.85	30.38	0.44	1.54
	2.5	1851.78	0.25	0.74	2134.09	2.54	32.29	0.44	1.43
15	0.0	1230.86	0.25	0.49	1326.41	3.55	25.11	0.54	1.23
	1.0	1386.34	0.25	0.56	1546.36	3.08	27.04	0.51	1.26
	1.5	1410.78	0.25	0.57	1775.83	3.48	23.38	0.48	1.32
	2.0	1353.11	0.25	0.54	1900.71	3.64	24.40	0.48	1.43
	2.5	1411.59	0.25	0.57	1693.21	3.87	22.71	0.50	1.35
30	0.0	898.31	0.25	0.36	985.15	5.61	16.86	0.60	1.13
	1.0	981.54	0.25	0.39	1294.54	5.78	14.28	0.54	1.16
	1.5	1168.66	0.25	0.47	1417.28	5.03	17.44	0.53	1.25
	2.0	1238.65	0.25	0.50	1605.11	4.61	17.65	0.49	1.26
	2.5	1001.58	0.25	0.40	1490.64	4.32	15.12	0.47	1.08
45	0.0	690.60	0.25	0.28	912.84	8.96	7.65	0.56	0.90
	1.0	742.32	0.25	0.30	1090.99	8.58	8.99	0.55	1.04
	1.5	884.47	0.25	0.35	1148.74	9.10	8.14	0.54	1.04
	2.0	920.30	0.25	0.37	1221.70	9.09	8.84	0.54	1.12
	2.5	855.22	0.25	0.34	1047.94	7.43	6.82	0.49	0.80
60	0.0	477.02	0.25	0.19	684.86	13.20	2.83	0.51	0.56
	1.0	556.91	0.25	0.22	785.85	20.32	2.53	0.54	0.72
	1.5	536.05	0.25	0.21	868.10	14.24	3.74	0.53	0.76
	2.0	752.13	0.25	0.30	955.57	16.75	3.35	0.52	0.82
	2.5	624.40	0.25	0.25	808.58	11.57	3.46	0.49	0.63

注：断裂韧度以每组 5 个试件测得的算术平均值作为试验结果，且误差限为 15%，当该测值超过误差限时，该值剔除，按余下测值的平均值作为试验结果；如果可用的测值少于 3 个，则该组试验失败，应重做试验。

6.2.4　失稳时等效裂纹长 a_c 与失稳韧度 K_u 的确定

由于断裂过程区的存在，宏观裂缝形成后有一个稳定扩展的过程，因此计算断裂韧度时应该采用等效裂缝长度 a_c，对应的缝高比为 $\alpha_c = a_c/D$，对于任意三点弯切口梁，α_c 的计算方法为[6]

$$\alpha_c = \frac{\gamma^{3/2} + m_1(\beta)\gamma}{\left[\gamma^2 + m_2(\beta)\gamma^{3/2} + m_3(\beta)\gamma + m_4(\beta)\right]^{3/4}} \quad (6\text{-}3)$$

$$\gamma = \frac{\mathrm{CMOD_u}BE}{6P_u}$$

$$m_1(\beta) = \beta(0.25 - 0.0505\beta^{1/2} + 0.0033\beta)$$

$$m_2(\beta) = \beta^{1/2}(1.155 + 0.215\beta^{1/2} - 0.0278\beta)$$

$$m_3(\beta) = -1.38 + 1.75\beta$$

$$m_4(\beta) = 0.506 - 1.057\beta + 0.888\beta^2$$

式中，$\mathrm{CMOD_u}$ 为临界有效裂缝张口位移，根据试验测得的 $P\text{-}\mathrm{CMOD}$ 曲线中最大荷载 P_u 所对应的裂缝张口位移求得，如图 6-6 所示，E 为混凝土弹性模量，本书采用 Jenq 和 Shah[7] 推荐的测试方法计算：

$$E = \frac{6Sa_0 V(a_0/D)}{BD^2 C_i} \quad (6\text{-}4)$$

$$V(a_0/D) = 0.76 - 2.28a_0/D + 3.87(a_0/D)^2$$

$$-2.04(a_0/D)^3 + \frac{0.66}{(1 - a_0/D)^2}$$

式中，C_i 为由 $P\text{-}\mathrm{CMOD}$ 曲线确定的初始弹性柔度（图 6-6），$C_i = \mathrm{COMD}_i/P_i$（$i=1$、2、3），且（$\mathrm{CMOD}_i$，$P_i$）应选取位于 $P\text{-}\mathrm{CMOD}$ 曲线的起始线性部分，代入式（6-4）计算得到弹性模量的三个值 E_1、E_2、E_3，最后所求平均值即为该试件的弹性模量 E。

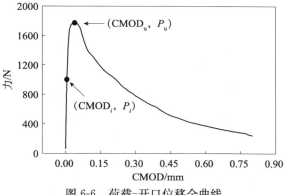

图 6-6　荷载-开口位移全曲线

失稳韧度 K_u 可根据试验所得失稳荷载 P_u 以及有效裂缝长度 a_c 代入式（6-1）进行计算，此时缝高比 $\alpha_c = a_c / D$，弹性模量 E、失稳荷载 P_u 和失稳韧度 K_u 计算结果见表 6-1。

6.3　冻融循环作用下玄武岩纤维混凝土的断裂性能分析

不同冻融循环次数和玄武岩纤维掺量下混凝土断裂参数计算如表 6-1 所示。

6.3.1　冻融、纤维掺量对临界开口位移的影响

临界开口位移 $CMOD_u$ 是混凝土断裂过程中变形性能的体现，该指标可以反映混凝土在冻融循环和纤维掺量共同作用下的变形规律，如图 6-7 所示。由图可知，$CMOD_u$ 随冻融循环次数的增加而增加，且冻融循环次数越高，增加趋势越明显。这说明冻融损伤导致的混凝土内部疏松劣化使其破坏变形增大，这在宏观上也体现为试件弹性模量的下降（表 6-1）。$CMOD_u$ 随纤维变化的规律性不明显，可见玄武岩纤维对断裂过程的延性影响很小，这是由于玄武岩纤维表面比较光滑，纤维拉结作用主要由滑动摩擦来提供，这在试件断裂面上拔出的纤维也可以证明。

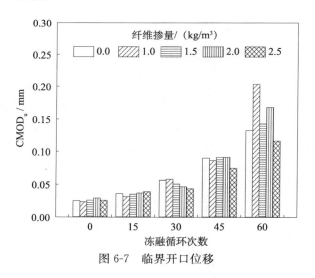

图 6-7　临界开口位移

6.3.2　冻融、纤维掺量对断裂韧度的影响

图 6-8 为起裂韧度 K_{ini} 和失稳韧度 K_u 随冻融循环次数和纤维掺量的变化趋势。由图 6-8（a）可知，当纤维掺量一定时，K_{ini} 随冻融循环次数的增大呈明

显下降趋势，这是由于，冻融损伤使混凝土内部的微裂缝和缺陷不断扩展和增多，导致混凝土逐渐疏松劣化，在试件切口尖端加速形成微裂缝区，从而降低了起裂荷载。由图 6-8（b）可知，当冻融循环次数一定时，K_{ini} 随纤维掺量的增加有小幅增长，这说明玄武岩纤维的拉结能约束混凝土基体变形，起到阻碍微裂缝区形成的作用，从而缓解冻融损伤造成的危害。

由图 6-8（c）可知，当纤维掺量一定时，K_u 随冻融循环次数的增大也呈下降趋势，但 K_u 在冻融初期，下降的趋势有所减缓，这是由于，试件起裂之后，断裂过程区能起到很好的阻裂耗能作用，其周围的微裂缝、骨料的咬合以及纤维的拉结作用都能很好地阻碍宏观裂缝的扩展；随着冻融损伤的加剧，骨料、纤维与水泥基体的黏结作用逐渐下降，断裂过程区的影响减弱，使 K_u 在冻融后期的下降趋势加快。由图 6-8（d）可知，当冻融循环次数一定时，K_u 随纤维掺量的增加，增长幅度比较明显，可见玄武岩纤维能增加断裂过程区的黏聚力，有效地阻碍宏观裂缝的扩展。

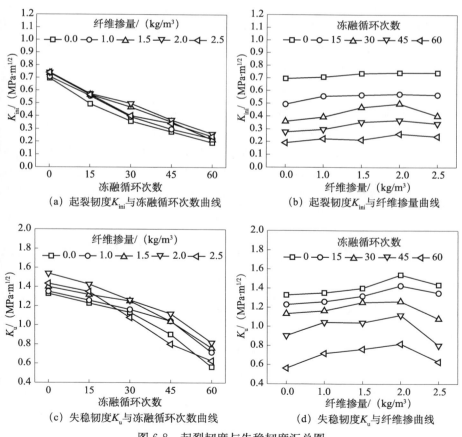

（a）起裂韧度K_{ini}与冻融循环次数曲线　　　（b）起裂韧度K_{ini}与纤维掺量曲线

（c）失稳韧度K_u与冻融循环次数曲线　　　（d）失稳韧度K_u与纤维掺曲线

图 6-8　起裂韧度与失稳韧度汇总图

由图 6-8（a）和（c）可知，K_{ini} 和 K_u 随冻融损伤的下降趋势较为明显，降幅约为 0.6MPa·m$^{1/2}$ 和 0.8MPa·m$^{1/2}$；由图 6-8（b）和（d）可知，两种韧度随玄武岩纤维掺量增加的变化比较平缓，最大增幅分别约为 0.1MPa·m$^{1/2}$ 和 0.2MPa·m$^{1/2}$，这说明玄武岩纤维能提高混凝土的抗冻性，但提高程度是一定的，玄武岩纤维不能完全抑制冻融对混凝土的损伤。

对比图 6-8（b）和（d）还可知：玄武岩纤维掺入对 K_u 的增长幅度要比 K_{ini} 更大，这是由于，开裂之前试件变形相对较小，玄武岩纤维的拉接虽然能在一定程度上约束变形，抑制微裂缝形成，但其作用不能完全发挥出来，此时阻碍宏观裂缝形成的主要原因是水泥基体强度和骨料的咬合作用。而纤维掺入对失稳韧度的影响相对较大，随纤维掺量的增加失稳韧度先增大后减小，当掺量为 2.0kg/m^3 时，K_u 达到最大，这表明当试件开裂之后，玄武岩纤维充分受力，桥联作用能有效阻止裂缝的扩展：一方面纤维的拉接能增加断裂过渡区的黏聚力，降低裂缝尖端处的应力集中程度，另一方面纤维与骨料交织所形成的微裂缝区能起到很好的阻裂耗能作用。当纤维掺量增大为 2.5kg/m^3 时，韧度会有一定程度的下降，这是因为过多掺入的玄武岩纤维会与基体之间形成更多的薄弱过渡层，同时也会引入更多气孔和缺陷，从而降低韧度。

为进一步分析纤维掺量对断裂韧度的影响程度，定义韧度增益比 β：

$$\beta = (K_i^N / K_0^N) \times 100\% \tag{6-5}$$

式中，K_i^N 为玄武岩纤维混凝土在冻融循环 N 次后的韧度；K_0^N 为未掺纤维混凝土在冻融循环 N 次后的韧度。

图 6-9 给出了起裂韧度和失稳韧度增益比，由图可知，起裂韧度增益比和失稳韧度增益比变化规律基本相同，都随纤维掺量增加呈现先增大后减小的趋势，两种韧度增益比均在纤维掺量为 2.0kg/m^3 时最大，韧度增益比均值最大为：$\beta_{ini} = 1.28$，$\beta_u = 1.22$。因此本书得到的纤维最佳掺量为 2.0kg/m^3。

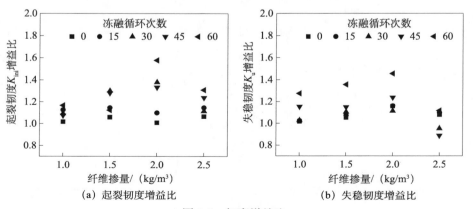

(a) 起裂韧度增益比　　　　　　　(b) 失稳韧度增益比

图 6-9　韧度增益比

6.3.3　冻融循环条件下玄武岩纤维混凝土的断裂韧度计算模型

对于玄武岩纤维混凝土，韧度随纤维掺量的增加呈现先增大后减小的趋势，并且当纤维掺量为 2.0kg/m³ 时取得最大值，则当纤维掺量不大于 2.0kg/m³ 时，玄武岩纤维混凝土的韧度可以统一写成

$$K = K_0(1 + \alpha\lambda_f) \tag{6-6}$$

考虑冻融循环次数 N 的影响，可采用文献 [8] 中的计算模式，经回归分析得纤维掺量不大于 2.0kg/m³ 时韧度的拟合公式：

$$K_{\text{ini}}^N = 1.44\mathrm{e}^{-\frac{N}{99.55}}K_{\text{ini}}\left(1 + \alpha_1 \mathrm{e}^{\frac{N}{240.01}}\lambda_f\right) \tag{6-7}$$

$$K_{\text{u}}^N = 1.01\mathrm{e}^{-\frac{N}{99.54}}K_{\text{u}}\left(1 + \alpha_2 \mathrm{e}^{\frac{N}{239.94}}\lambda_f\right) \tag{6-8}$$

式中，K_{ini}^N 和 K_{u}^N 分别为玄武岩纤维混凝土冻融循环 N 次后的起裂韧度和失稳韧度；K_{ini} 和 K_{u} 为对比普通混凝土未经冻融循环的起裂韧度和失稳韧度；α_1 和 α_2 为玄武岩纤维对混凝土起裂韧度和失稳韧度的影响系数，在本试验条件下 $\alpha_1 \approx \alpha_2 = 0.1888$，相关系数均为 $R^2 = 0.844\,31$，相关性较好。

参 考 文 献

[1] 徐世烺. 混凝土断裂力学 [M]. 北京：科学出版社，2011.

[2] 宁作君，巴恒静，杨英姿. 冻融环境下混凝土的断裂损伤试验研究 [J]. 哈尔滨工程大学学报，2009，30 (1)：28-32.

[3] 于孝民，任青文. 冻融循环作用下普通混凝土断裂能试验 [J]. 河海大学学报（自然科学版），2010，38 (1)：80-82.

[4] Hillerborg A, Modeer M, Petersson P E. Analysis of crack formation and crack growth in concrete by means of fracture mechanics and finite elements [J]. Cement and Concrete Research，1976，6：773-782.

[5] Xu S, Reinhardt H W. Determination of double-K criterion for crack propagation in quasi-brittle materials, Part I: experimental investigation of crack propagation [J]. International Journal of Fracture，1999，98 (2)：111-149.

[6] Zhao Y H, Xu S L. The influence of span/depth ratio on the double-K fracture parameters of concrete [J]. Journal of China Three Gorges University：Natural Sciences，2002，24 (1)：35-41.

[7] Jenq Y S, Shah S P. Two parameter fracture model for concrete [J]. Journal of Engineering Mechanics-ASCE，1985，111 (10)：1227-1241.

[8] 高丹盈，程红强. 冻融循环作用下钢纤维混凝土 Ⅱ 型断裂性能 [J]. 水利学报，2007，38 (8)：998-1002.

第 7 章　冻融环境下玄武岩纤维混凝土冲击性能

　　处于寒冷地区的混凝土构件在承受冲击、振动、碰撞等动力荷载的同时，往往也会受到冻融循环荷载的影响[1]。冻融循环会导致混凝土内部物质结构发生改变、力学性能指标下降[2,3]，因而在进行结构设计计算、损伤效应分析时，就不能单纯地考虑动荷载的冲击破坏作用，还需要计入冻融的损伤劣化效应，否则就会因高估材料的承载能力而造成使用安全隐患。此外，掌握玄武岩纤维混凝土在冻融条件下的动力响应特性，对合理进行工程结构的损伤修复评估、拓展玄武岩纤维混凝土的应用领域等也有重要意义。

　　传统的应变片测量方法主要测量单一方向的材料变形，且只能测量特定几个方向上的位移，难以获得样品表面全场应变信息，而且在冻融循环下应变片容易失效。传统落球冲击试验中定义试件的初裂冲击次数为：试件产生微裂缝时的冲击次数，即把试件底部混凝土应变值（试件底部粘贴应变片）发生突变时的冲击次数作为初裂冲击次数[4]。但在试验中发现，有些试件受冲击后，应变片所测得的应变值缓缓上升，直至试件彻底破坏前也没有出现应变值突变的情况，无法测得初裂冲击次数。分析原因，一是裂纹位置不能精确预测，导致裂纹没有从贴应变片的位置通过，二是冻融和冲击造成应变片黏接强度下降，变形不能准确传递到应变片上。

　　本章采用 DIC 方法和三点弯曲落重冲击试验相结合的试验方法，实时观测混凝土试件梁在冲击断裂过程中的全场应变，通过开裂点的应变变化规律确定起裂冲击次数，研究不同玄武岩纤维掺量、冻融次数时混凝土的冲击力学性能及其损伤演变规律，探讨掺入纤维和冻融损伤对混凝土冲击破坏的作用机制。

7.1　试验概况

7.1.1　试验材料

　　本章所用试验原材料、配合比、纤维掺量同第 5 章。试件尺寸为 40mm×

40mm×160mm。

7.1.2　试验方法

1. 总体试验方案

本章采用快速冻融试验方法，冻融介质为水，具体试验方法见 2.1.3 节。融循环次数分别为 0、15、30、45、60、75。采用自行设计的三点弯曲冲击实验装置，对经过不同冻融次数的玄武岩纤维混凝土试件进行落球冲击试验。落锤为实心钢球，锤质量为 63g，冲击高程为 500mm，梁两端为简支，净跨为 130mm，试件冲击面上放置一块 40mm×40mm 的钢垫板。落球从规定高度自由落下冲击试件，即完成一次冲击循环。冲击试验同时采用 DIC 方法，即通过 CCD 镜头手动控制拍摄，小球每冲击一次试件，待试件稳定后拍照记录，直至试件受冲击破坏为止。整个系统框图如图 7-1 所示。DIC 试验方法与第 5 章相同。

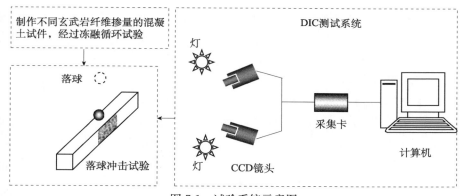

图 7-1　试验系统示意图

2. 冲击试验装置

落球冲击试验中冲击装置参考美国混凝土学会（ACI）544 委员会提出的落重法[5]（drop-weight method）自行设计、制作了三点弯曲冲击试验装置，如图 7-2 所示。

冲击试验机包括下列部分。

（1）高度调节孔：电磁铁吸附钢球时，通过调节电磁铁支架的高低来调节钢球下表面到试件上表面之间的距离。本试验中此高度定为 50cm。

（2）电磁铁：采用电磁铁吸附钢球进行落球试验，解决了传统落球试验因使用手或吊绳控制钢球下落导致试验不精确的问题。

（3）控制钢球在电磁铁位置的胶布：电磁铁吸附面是一个圆形的弧面，导

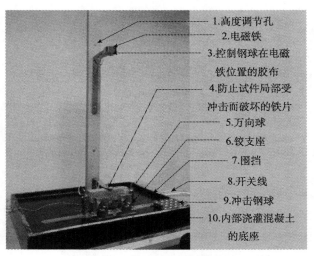

1. 高度调节孔
2. 电磁铁
3. 控制钢球在电磁铁位置的胶布
4. 防止试件局部受冲击而破坏的铁片
5. 万向球
6. 铰支座
7. 围挡
8. 开关线
9. 冲击钢球
10. 内部浇灌混凝土的底座

图 7-2　落球冲击试验装置

致每一次吸附钢球时，钢球在磁铁面上所处的位置不一样，从而钢球下落后落在试件上的位置也不一样，造成误差。电磁铁有一个特性，即只有铁制品紧挨着电磁铁的磁力面才能产生很大的吸力，使铁制品与吸附面产生间隔或是用不导磁的物体将其隔开，将使吸力大大减少，甚至消失。本试验将除磁力面中心位置一直径为 3mm 的圆形以外的磁力面都用白胶布粘贴，使这部分磁力面失去吸附能力，如图 7-3 所示。这样在电磁铁吸附小球时，由于只有中心位置的圆形有强吸力，小球会被吸在中心一点，最终使每次小球在试件上的落点保持一致。这种限制落点的方法优于其他方法，因为不论钢球大小，钢球与吸附面都是点接触，所以这种方法不会受到钢球大小的限制，便于使用。

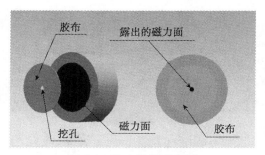

胶布　　　　露出的磁力面

挖孔　　　磁力面　　　胶布

图 7-3　胶布粘贴示意图

（4）铁片：该铁片与支架相连，不对试件施加外力。放置铁片的作用在于防止钢球冲击试件时，对试件上的落点造成局部破坏，从而影响对试件真实抗冲击性能的检测。

（5）万向球：由于试件的刚性位移会对 DIC 技术测定位移和应变造成比较大的误差，试验中采用万向球来限制试件的横向刚性位移，如图 7-4 所示。万向球的顶端与试件的侧面保持微小的缝隙，这样既不会对受冲击时试件本身产生的变形造成阻碍，又可以将试件因钢球冲击产生的横向刚性位移控制在要求范围之内。万向球顶端与试件表面是点接触，球也可以自由转动，这样万向球与试件表面接触时不会产生弯矩，只会有一个横向的力，而且同时间内试件只会与一个万向球接触，不会由于横向的力对试件造成挤压，这样可以将对试验不利的因素降到最小。

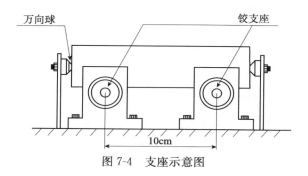

图 7-4　支座示意图

（6）铰支座：铰支座由立式支架、微型轴承和滚针组成。轴承和滚针的组合确保试件在底部支撑上，只受到垂直向上的支撑力，而不受水平方向力的影响。两根滚针相互平行，为了与抗折试验保持一致，把两根滚针之间的距离定为 10cm。立式支架在支撑轴承的同时，也起到限制试件离面方向刚性位移的作用。和万向球与试件表面的相对位置相同，立式支架的内侧面与试件表面也留有微小缝隙，同样起到在不影响试件本身变形的条件下，限制试件离面方向刚性位移的作用。

（7）围挡：围挡的作用在于防止钢球冲击完试件后到处乱滚，起到便于收集钢球的作用，同时也避免因掉下的小球砸到图像采集系统支架，而对试验产生不良影响。

（8）开关：本冲击装置采用普通的电灯开关进行电路控制，方便易行。

（9）冲击钢球：本试验采用质量为 63g 的钢球作为冲击钢球。

（10）底座：为了保证钢球冲击试件时，整个冲击装置保持稳定且无位移，制作冲击试验机时采用在板制底座外壳内浇筑混凝土的方式来增加底座质量。质量增加后，试验中没有出现冲击试验机不稳定或产生位移的情况。

7.2　基于 DIC 的冻融循环作用下的玄武岩纤维混凝土的冲击性能分析

7.2.1　全场应变

1. 未掺纤维情况

图 7-5 为 DIC 方法测得的未掺纤维的混凝土试件水平方向应变 ε_x 随冲击次数变化的全场云图。在加载初期，全场应变较小，试件底边出现了大于其他区域的应变集中区域，如图 7-5（a），（b）所示；当冲击次数逐渐增大到 47 时，试件底部出现明显应变集中区（图 7-5（c））；接着裂纹出现并向上失稳扩展（图 7-5（d），（e））直到试件完全断裂（图 7-5（f））。

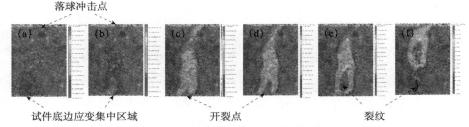

图 7-5　混凝土试件冲击破坏全场应变 ε_x

在试件冲击失效过程中，最大应变集中出现在裂尖位置，其移动轨迹（红色区域）基本与主裂缝的走向一致。应变集中影响区域由裂尖向四周呈辐射状减小，且随着冲击次数增加应变集中影响区在增大。可见，未掺纤维混凝土试件的冲击破坏过程为：试件下部出现水平拉应变增大区域、水平拉应变增大区域向上扩展、裂纹出现、裂纹失稳扩展、试件断裂破坏。

2. 掺纤维情况

对于玄武岩纤维掺量 $2.0\mathrm{kg/m^3}$ 的混凝土试件（无冻融），图 7-6 给出了水平应变 ε_x 全场云图随冲击次数的演化情况。与不掺纤维情况类似，掺入纤维后混凝土试件（图 7-6）具有相似的冲击破坏过程：试件底部应变集中影响区域随冲击次数而增大（图 7-6（b），（c）），然后裂纹出现并向上失稳扩展，直到试件完全断裂（图 7-6（d）～（f））。

不同的是，在掺入纤维的混凝土试件底部和上部落球冲击点均出现应变集中区，而且这两个应力集中区随冲击次数增加而逐渐相互靠近并连通形成冲击损伤带（图 7-6（b），（c）），最终裂纹是在试件底部出现并向上扩展（图 7-6（d）～（f））。

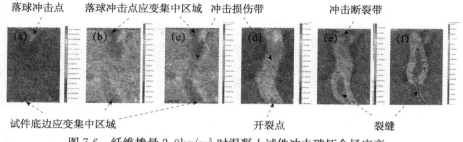

图 7-6　纤维掺量 2.0kg/m³ 时混凝土试件冲击破坏全场应变 ε_x

7.2.2　DIC 确定初裂冲击次数方法

使用 DIC 方法可计算出观测范围内任意一点的应变，可利用水平向应变 ε_x 随荷载变化的全场云图来研究裂缝的起裂与发展。在冲击破坏过程中，未掺纤维混凝土试件底边最大应变点处（即开裂点）水平应变 ε_x 与冲击次数 n_i 的演变关系如图 7-7 所示。可见，应变曲线分为两个阶段：第一阶段为弹性变形区，应变值变化很小，随冲击次数呈线性增加；接着第二阶段是断裂转变区，随着冲击次数增加到一临界值，应变急剧增加，表明裂纹起裂后扩展直至材料断裂。

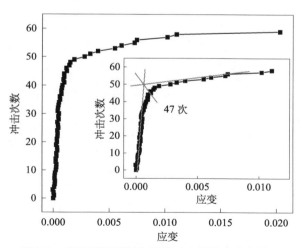

图 7-7　未掺纤维混凝土试件冲击次数和应变关系

为了准确判断混凝土试件初裂冲击次数，通过 DIC 方法观察并分析试件底边最大应变点处（即开裂点）水平应变场的变化规律。如图 7-7 插图所示，对弹性变形区与断裂转变区这两个阶段分别进行分段直线拟合，作角平分线与曲线相交，此交点的坐标值就定义为起裂应变和初裂冲击次数[6]。从图 7-7 可见，对于无纤维掺杂、冻融循环次数为零的混凝土试件，其起裂应变 ε_0 为 0.14%，初裂冲击次数 n_0 为 47。

7.2.3 初裂冲击次数与最终破坏冲击次数

由 7.2.2 节方法确定出不同冻融循环次数和纤维掺量的各组混凝土试件的初裂冲击次数 n_0，混凝土试件冲击断裂时的次数为最终破坏冲击次数 W，得到不同冻融循环次数和不同纤维掺量时混凝土试件抗冲击性能柱状图，由图 7-8 可见，在相同纤维掺量条件下，初裂冲击次数 n_0 和最终破坏冲击次数 W 都随冻融循环次数增加而降低，说明冻融循环会降低混凝土抵抗冲击的能力。在相同冻融循环次数条件（<30）下，初裂冲击次数 n_0 和最终破坏冲击次数 W 在 2.0kg/m³ 最佳纤维掺量时达到最高值，说明一定掺量纤维可提高混凝土的抗起裂冲击性能和抗破坏冲击性能；在大于 30 次的冻融循环次数条件下，纤维掺量对提高混凝土抗冲击性能影响甚微。

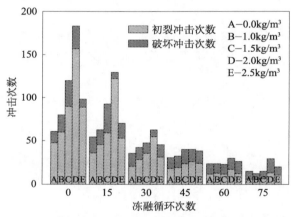

图 7-8　不同冻融循环次数时玄武岩纤维混凝土试件抗冲击性能

7.2.4 玄武岩纤维掺量对混凝土抗冲击性能影响

对于不同纤维掺量的混凝土试件，底边开裂点水平应变 ε_x 随冲击次数变化曲线如图 7-9（a）所示，可见掺加纤维可明显提高混凝土的抗冲击性能。在弹性变形阶段，增大纤维掺量可提高混凝土抗冲击的弹性变形能；在断裂转变阶段，增大纤维掺量可提高抗冲击次数。

将冲击次数 n_i 与破坏冲击次数 W 之比定义为冲击寿命 $\eta = n_i/W$，对图 7-9（a）的纵坐标进行归一化处理，得到图 7-9（b）。由图 7-9（b）可见，纤维掺量增加会提高混凝土的刚度，增加了混凝土的冲击寿命，其中弹性变形阶段约占整个冲击寿命的 80％。

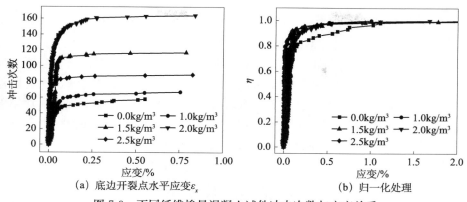

(a) 底边开裂点水平应变 ε_x　　(b) 归一化处理

图 7-9　不同纤维掺量混凝土试件冲击次数与应变关系

更进一步，提取图 7-9（a）中初裂冲击次数 n_0 和最终破坏冲击次数 W 作图，得到不同纤维掺量时混凝土试件的抗冲击性能，如图 7-10 所示。可见，初裂冲击次数 n_0 和最终破坏冲击次数 W 都随纤维掺量增大而增加，在 2.0kg/m³ 最佳纤维掺量时达到最高值，说明一定纤维掺量可提高混凝土的抗起裂冲击性能和抗破坏冲击性能，但超过最佳纤维掺量后反而会降低混凝土的抗冲击能力。同时还发现，初裂次数和破坏次数相差不大，掺量分别为 1.0kg/m³、1.5kg/m³、2.0kg/m³、2.5kg/m³ 的玄武岩纤维混凝土初裂次数占破坏次数（n_0/W）分别为 86％、75％、85％、90％，说明掺入玄武岩纤维主要提高了混凝土抵抗冲击初裂的能力，试件一旦开裂，玄武岩纤维抵抗宏观裂缝扩展的作用不大。

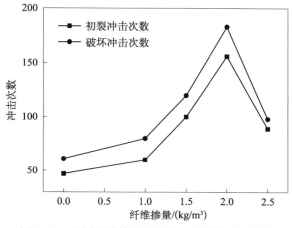

图 7-10　不同纤维掺量时混凝土试件抗冲击性能

7.2.5　冻融循环对混凝土抗冲击性能影响

考虑冻融循环次数对混凝土抗冲击性能的影响，选择未掺纤维的混凝土试件分别冻融 0 次、15 次、30 次、60 次后冲击次数与开裂点应变关系，如图 7-11 所示。可见，冻融主要降低了混凝土第一阶段的弹性变形能力，当冻融循环次数为 60 时，应变曲线第一阶段的斜率仅为未冻融时的 20%。另外，随冻融循环次数的增加，最终破坏冲击次数不断降低，而极限应变显著增加；在相同的冲击能作用下，冻融后的混凝土变形更大。这表明经过冻融循环作用后的混凝土出现了大量损伤，降低了混凝土抵抗冲击的性能。

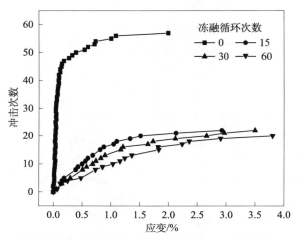

图 7-11　不同冻融循环次数下未掺纤维混凝土试件冲击次数和应变关系

考虑纤维掺量 2.0kg/m³ 的混凝土试件在不同冻融循环后的冲击次数与开裂点应变关系，如图 7-12 所示。同未掺杂纤维混凝土的情况相似，随着冻融循环次数的增加，掺杂纤维混凝土的第一阶段的弹性变形下降，而且最终破坏冲击次数也在下降，说明冻融减弱了玄武岩纤维的增强作用，同样降低了掺杂纤维混凝土抵抗冲击的性能。另外，在同样的冻融循环次数下，掺杂纤维混凝土的最终破坏冲击次数大于未掺纤维的情况，说明在冻融情况下的掺杂纤维仍旧发挥着增强作用。

7.3　冻融后玄武岩纤维混凝土抗冲击性能机理

7.3.1　纤维掺量的冲击能量提高率

从图 7-8 可见，在相同冻融循环次数条件（<45）下，与未掺纤维混凝土

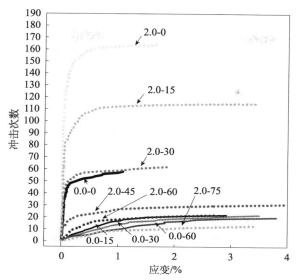

图 7-12　不同冻融次数纤维掺量 0.0kg/m^3、2.0kg/m^3 混凝土试件冲击破坏

相比，纤维混凝土的初裂和破坏冲击次数均有提高。为进一步分析纤维掺量对混凝土抗冲击力学性能的影响，在相同冻融循环次数条件下，定义纤维掺量对混凝土冲击能量的提高率为

$$\gamma_m = \frac{W_m}{W_0} \times 100\%$$ 　　　　　(7-1)

式中，γ_m 为纤维掺量为 m 时对混凝土冲击能量的提高率，表示与未掺杂纤维混凝土相比掺杂纤维后的混凝土抗冲击能力的提高幅度；W_0 和 W_m 分别为纤维掺量是 0 和 m（kg/m^3）时纤维混凝土的破坏冲击次数。

　　冲击能量的提高率与纤维掺量之间的关系见图 7-13，可见当冻融循环次数为 0 即未冻融时，不同纤维掺量下的能量提高率先升高后下降，纤维掺量为 2.0kg/m^3 时，对混凝土能量提高幅度最大（与图 7-8 相同）。当冻融循环次数增加时，冻融损伤明显削弱了纤维的增强作用。直到冻融次数达到 75 时，冻融损伤使纤维增强作用基本消失。

7.3.2　冲击能量的冻融损失率与损失速率

　　为进一步分析冻融对纤维混凝土抗冲击力学性能的影响，在相同纤维掺量条件下，定义冲击能量的冻融损失率为

$$\alpha_i = \frac{W_0 - W_i}{W_0} \times 100\%$$ 　　　　　(7-2)

式中，α_i 为冻融循环 i 次时纤维混凝土冲击能量的冻融损失率，表示与未冻融

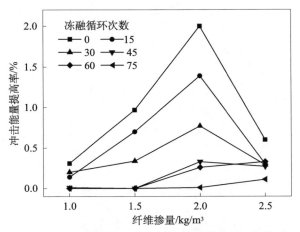

图 7-13　不同纤维掺量混凝土试件的冲击能量提高率

相比冻融后的混凝土抗冲击能力的损失程度；W_0 和 W_i 分别为冻融循环 0 次和 i 次时纤维混凝土的破坏冲击次数。

　　进一步，在相同纤维掺量条件下，定义冲击能量的冻融损失（下降）速率为

$$\beta_i = \frac{W_{(i-15)} - W_i}{i - (i-15)} = \frac{W_{(i-15)} - W_i}{15} \tag{7-3}$$

式中，β_i 为冻融循环 i 次时纤维混凝土冲击能量的冻融损失速率，表示每冻融 1 次混凝土抗冲击能量损失的程度；$W_{(i-15)}$ 为冻融循环 $i-15$ 次时纤维混凝土的破坏冲击次数；i 为冻融循环次数，取值为 15、30、45、60、75。

　　冲击能量的冻融损失率与冻融循环次数之间的关系见图 7-14，可见随着冻融循环次数的增加，纤维混凝土的抗冲击能量损失率逐渐增大，即混凝土抗冲击能量的损失程度增大。冲击能量的冻融损失速率与冻融循环次数的关系见图 7-15，可见随冻融循环次数增加，纤维混凝土的冲击能量损失速率先升高后降低，即冻融初期纤维混凝土的冲击能量损失速率加快，在冻融后期会降低。

　　根据图 7-15 的规律，可将冻融循环作用下纤维混凝土试件冲击能量损失过程分为初期、中期和末期三个时期，在冻融初期混凝土试件冲击能量损失速度最快、程度最高。在冲击能量损失初期（冻融循环次数<30），纤维混凝土冲击能量的冻融损失速率呈快速上升趋势（图 7-15），冲击能量的冻融损失率迅速增大到 53%～64%（图 7-14）。在冲击能量损失中期（30<冻融循环次数<60），纤维混凝土冲击能量的冻融损失速率开始减缓下降（图 7-15），冲击能量的冻融损失率缓慢增大到 62%～89%（图 7-14）。在冲击能量损失末期（60<冻融循环次数<75），纤维混凝土冲击能量的冻融损失速率呈较低平缓状态

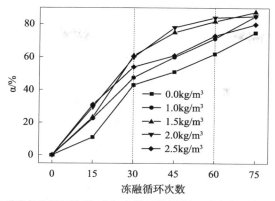

图 7-14　不同冻融循环次数时玄武岩纤维混凝土冲击能量的冻融损失率

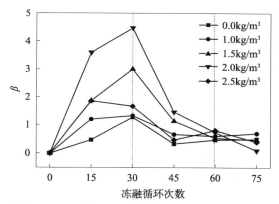

图 7-15　不同冻融循环次数时玄武岩纤维混凝土冲击能量的冻融损失速率

（图 7-15），冲击能量的冻融损失率已经达到 90％左右（图 7-14）。

7.3.3　纤维微观增强机制

　　冲击荷载是以应力波的形式在材料中传递的，如果在冲击过程中，冲击应力波不受转移地连续向前传播，并保持尖锐的应力波峰，这时只是很小体积内的材料承受应力，则在应力波足够大时混凝土就会发生脆性断裂。当加入玄武岩纤维后，由于纤维乱向分布于混凝土内部，在混凝土中形成三维支撑体系，纤维在外力作用下进行一定的松弛运动并带动附近的基体承受应力，这样应力波传播范围越来越大，显然需要更大的应力才能使材料断裂，表现为韧性，因此在掺加纤维的混凝土试件全场应变分析中（图 7-6），观测到了玄武岩纤维混凝土试件冲击损伤带的形成，表明纤维在冲击过程中微观增强机理为，加入纤维形成的空间三维体系使冲击应力波传播的范围增大，将冲击产生的应变分散在一定区域内，消耗了落球冲击能量，提高了试件抵抗冲击的次数。

另外，在混凝土形成过程中，由于纤维乱向分布于混凝土内部形成三维支撑体系，起到一个撑托作用，减小了骨料的下沉，增加了骨料分布的均匀性，提高了混凝土的均质性等内在品质，因而减小了发生应力集中的可能，从而在一定程度上阻止了混凝土中微裂纹的萌生，减少了微裂纹源的数量，并减小了微裂纹的尺度，因此随纤维掺量的增加混凝土抗冲击性能逐渐提高。

纤维按照弹性模量可分为刚性纤维和柔性纤维。刚性纤维弹性模量大，纤维刚度大，传递荷载能力强，如钢纤维；柔性纤维弹性模量小、纤维刚度较低，传递荷载的能力较差，但柔性纤维极限伸长率高、抵抗变形的能力强，如杜拉纤维、尼龙纤维、玄武岩纤维。当宏观裂纹扩展时，开裂区的刚性纤维发生的是拔出破坏，可以提供较强的拉拔阻力或"桥接"作用去抑制宏观裂纹的张开和扩展；而开裂区的柔性纤维在瞬间冲击力作用下发生的是拔断破坏，无法提供较强的拉拔阻力抑制宏观裂纹的张开和扩展，因此当玄武岩纤维掺量提高后，初裂至终裂的冲击次数并没有显著提高。

试验中玄武岩纤维最佳掺量是 2.0kg/m^3，而不是最大掺量 2.5kg/m^3，这种现象出现的原因是：如果想要纤维在混凝土中充分发挥其增强增韧作用，需要让单根纤维获得一定厚度混凝土材料的包裹，这样才能使纤维与水泥基紧密相连并获得一定强度，最终使其共同受力，即纤维与混凝土基体之间需要一定强度的界面。如果掺入的纤维过量，将会出现难以搅拌均匀、纤维结团的现象，导致纤维与纤维之间没有水泥层或水泥层太薄不能提供足够的握裹力和强度，即界面强度不够，最终使部分纤维不能发挥作用而"失效"。这些"失效"纤维不但不会增强水泥基材料的各项性能，而且还会因为其本身没有黏结能力而成为混凝土中的缺陷。所以过量的纤维会对混凝土材料产生不良影响，进而降低了混凝土的抗冲击性能。

总之，玄武岩纤维增强混凝土冲击性能的作用机理分为两项，一项是加入纤维形成的空间三维体系使冲击应力波传播的范围增大，第二项是加入纤维改善了混凝土基体初始缺陷。

7.3.4　冻融循环的微观损伤机制

处于饱和状态的混凝土在冻融循环时，混凝土微孔隙中的水在温度正负交互作用下，形成冰胀压力和渗透压力联合作用的疲劳应力，达到混凝土的抗拉强度时内部出现微观裂纹。随着循环次数的增加，裂缝相互贯通，玄武岩纤维混凝土抗冲击性能下降。

混凝土加入玄武岩纤维后，纤维与基体之间要有一定强度的界面来传递应力，而冻融循环形成的冰胀压力和渗透压力联合作用的疲劳应力，不仅使混凝土基体产生裂纹，也会使界面产生裂纹，随着冻融次数的增加，界面损伤加大，界面强度逐渐下降，无法继续传递应力，导致纤维形成的空间三维体系使冲击应力波传播的范围增大的作用在冻融循环 30 次后逐渐失效。

纤维提高混凝土基体性能的作用在冻融过程中一直在下降，直到 75 次时此项增强作用才消失。而纤维形成的空间三维体系使冲击应力波传播的范围增大的作用在冻融循环 30 次前虽存在但逐渐下降，冻融循环 30 次后纤维此项作用基本失效，即冻融 30 次前纤维两项增强作用同时存在并逐渐减弱，冻融循环 30 次后纤维只有一项增强作用存在并逐渐减弱。因此，冻融初期（0～30次）混凝土试件冲击能量损失程度最高、速度最快（图 7-14 和图 7-15），这是因为界面孔隙率大、强度低，在冻融损伤作用下界面先于基体破坏。

参 考 文 献

[1] Hasan M, Ueda T, Sato Y. Stress-strain relationship of frost-damaged concrete subjected to fatigue loading [J]. Journal of Materials in Civil Engineering, 2008, 20 (11): 37-45.

[2] Shang H S, Song Y P. Experimental study of strength and deformation of plain concrete under biaxial compression after freezing and thawing cycles [J]. Cement and Concrete Research, 2006, 36 (10): 1857-1864.

[3] Micah H W, Seamus F F, Bruce W. Examining the frost resistance of high performance concrete [J]. Construction and Building Materials, 2009, 23: 878-888.

[4] Gu P P, Bant H N, Yan C. Fiber reinforced wet-mix shotcrete under impact [J]. Journal of Materials in Civil Engineering, 2000, 12 (1): 81-90.

[5] ACI committee 544. Measurement of properties of fiber reinforced cement [J]. ACI Materials Journal, 1988, 85 (6): 583-593.

[6] Wan J, Zhou M, Yang X S, et al. Fracture characteristics of freestanding 8wt% Y_2O_3-ZrO_2 coatings by single edge notched beam and Vickers indentation tests [J]. Materials Science and Engineering: A, 2013, 581 (10): 140-144.

第 8 章　冻融环境下玄武岩纤维混凝土 疲劳性能

8.1　试验概况

8.1.1　试验材料

本章所用试验原材料、配合比、纤维掺量同第 2 章。试件尺寸为 100mm× 100mm×400mm。

8.1.2　试验方法

1. 总体试验方案

本章采用快速冻融试验方法，冻融介质为水，具体试验方法见 2.1.3 节。 冻融循环次数分别为 0、25、50。对经过不同冻融循环次数的玄武岩纤维混凝 土试件进行疲劳试验。疲劳试验同时采用 DIC 方法，通过 CCD 镜头每间隔 10s 自动控制拍摄一次，获取试件从开始到破坏全过程的图像。整个系统框图如 图 8-1 所示。DIC 试验方法与第 5 章相同。

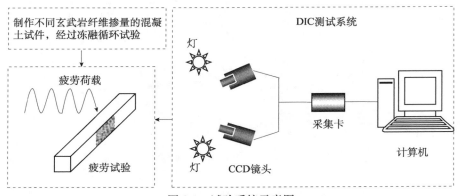

图 8-1　试验系统示意图

2. 疲劳试验方法

疲劳试验加载使用美特斯工业系统（中国）公司进口的 MTS-793 疲劳试验机。加载方式及位置如图 8-2 所示，正弦波等幅加载，加载频率为 10Hz，加载波形如图 8-3 所示。

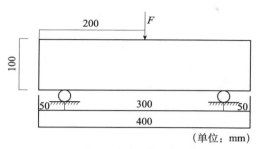

图 8-2　疲劳荷载加载方式及位置

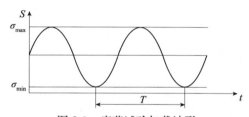

图 8-3　疲劳试验加载波形

疲劳循环特征值（即应力比）体现了循环应力的变化特征，是疲劳循环荷载受弯构件正截面上产生的最小应力 σ_{min} 与最大应力 σ_{max} 的比值，本试验选用荷载控制，且试件尺寸相同，因此可选用最小荷载 F_{min} 和最大荷载 F_{max} 的比值 ρ 表示，见式（8-1）。

$$\rho = \frac{\sigma_{min}}{\sigma_{max}} = \frac{F_{min}}{F_{max}} \tag{8-1}$$

式中，ρ 为疲劳循环特征值（应力比）；σ_{min} 为疲劳循环荷载作用下受弯构件正截面的最小应力（MPa）；σ_{max} 为疲劳循环荷载作用下受弯构件正截面的最大应力（MPa）；F_{min} 为疲劳循环试验最小荷载（N）；F_{max} 为疲劳循环试验最大荷载（N）。

本章试验选取应力比 ρ 值为 0.1。

应力水平是循环荷载最大值与静载强度 F 的比值，见式（8-2）。本章试验分别选取应力水平 S 为 0.70、0.75、0.80，用于分析不同应力水平下玄武岩纤维混凝土的疲劳性能，静载强度 F 的数值由抗折试验确定。

$$S = \frac{F_{max}}{F} \tag{8-2}$$

式中，S 为应力水平；F_{max} 为疲劳循环荷载最大值（N）；F 为抗折试验静荷载的平均值（N）。

8.2 冻融环境下玄武岩纤维混凝土疲劳试验结果分析

8.2.1 疲劳寿命试验结果

未冻混凝土试件在不同应力水平和纤维掺量下疲劳寿命试验结果如表 8-1 所示。根据表中的数据进行分析，得出以下结论。

（1）在相同应力比情况下不同掺量的玄武岩纤维混凝土试件与未掺纤维混凝土试件相比平均疲劳寿命的提高程度，仅纤维掺量为 0.1%、应力水平为 0.7 时，试件的疲劳寿命相比素混凝土略有下降，其余掺量的纤维混凝土试件的平均疲劳寿命均有不同程度的提高，且纤维掺量越大，平均疲劳寿命提高的幅度越大，说明玄武岩纤维对混凝土试件的疲劳寿命的提高有着不可忽视的影响，可以改善混凝土冻融环境下的疲劳性能。

（2）随冻融循环次数的增加，疲劳寿命降低，并且降低幅度剧烈，说明冻融损伤对疲劳寿命的降低有着不可忽视的影响，可以大幅度降低混凝土的疲劳性能。

（3）在高应力比（0.8）、冻融次数（50）多时各纤维掺量的混凝土疲劳寿命提高幅度最大，说明在高应力比、冻融次数多时玄武岩纤维提高疲劳性能的效果更显著。

表 8-1 不同冻融循环次数和玄武岩纤维掺量下混凝土疲劳寿命

应力水平	冻融循环次数	（纤维掺量 V_f/提高幅度）/%			
		0.0	0.1/提高幅度	0.2/提高幅度	0.3/提高幅度
0.70	0	215 611	186 847/−13.34	307 665/42.69	418 302/94.01
	25	232	347/49.57	348/50.00	496/113.79
	50	100	330/230.00	335/235.00	324/224.00
0.75	0	51 716	23 664/86.56	121 626/135.18	160 968/211.25
	25	216	298/37.96	327/51.39	403/86.57
	50	52	276/430.77	312/500.00	439/744.23
0.80	0	20 586	38 306/14.95	44 386/115.61	77 843/278.14
	25	245	301/22.86	278/13.47	365/48.98
	50	18	312/1 633.00	226/1 155.56	343/1 805.566

8.2.2 疲劳寿命统计分析

1. 疲劳寿命的两参数韦布尔分布理论[1]

利用数理统计中的韦布尔分布数学概率模型对材料的疲劳寿命进行统计分

析成为近年来国内外常用的理论之一[2]，可对材料在疲劳荷载作用下的安全寿命进行预测。在相同循环荷载作用下，材料疲劳寿命 N 的韦布尔分布概率密度函数如下：

$$f(N) = \frac{b}{N_a - N_0} \left[\frac{N - N_0}{N_a - N_0} \right]^{b-1} \exp\left\{ - \left[\frac{N - N_0}{N_a - N_0} \right]^b \right\} \quad (N_0 < N < \infty)$$

$$(8-3)$$

式中，N_0 为最小寿命参数（即可靠度为 100％的安全寿命）；N_a 为特征寿命参数；b 为韦布尔形状参数（即斜率参数）。

用符号 N_ξ 表示韦布尔分布的韦布尔随机变量，并根据式（8-3）给出的概率密度函数可求得 N_ξ 的分布函数 $F(N_p)$ 如下：

$$F(N_p) = P(N < N_p) = \int_{N_0}^{N_p} f(N) \mathrm{d}N = 1 - \exp\left\{ - \left[\frac{N_p - N_0}{N_a - N_0} \right]^b \right\} \quad (8-4)$$

根据统计分析理论，可靠度 P 的超值累积频率函数如式（8-5）：

$$P(N > N_p) = 1 - P(N < N_p) = \exp\left\{ - \left[\frac{N_p - N_0}{N_a - N_0} \right]^b \right\} \quad (8-5)$$

在已知 b、N_a、N_0 三个参数值的情况下，根据式（8-5）即可求出可靠度为 P 时的疲劳寿命 N_p。由于玄武岩纤维混凝土的离散性，本试验中统一取 $N_0 = 0$。则式（8-3）、式（8-4）简化为两参数韦布尔分布式：

$$f(N) = \frac{b}{N_a} \left[\frac{N}{N_a} \right]^{b-1} \exp\left\{ - \left[\frac{N}{N_a} \right]^b \right\} \quad (0 < N < \infty) \quad (8-6)$$

$$P(N > N_p) = \exp\left\{ - \left[\frac{N_p}{N_a} \right]^b \right\} \quad (8-7)$$

对式（8-7）取倒数，再两边同时取对数变形得

$$\ln\left(\ln \frac{1}{p} \right) = b \ln N_p - b \ln N_a \quad (8-8)$$

令 $Y = \ln\left(\ln \frac{1}{p} \right)$，$X = b \ln N_p$，$\beta = b \ln N_a$，则式（8-8）可表示为

$$Y = bX - \beta \quad (8-9)$$

式（8-9）为直线方程的形式，在已知疲劳数据的情况下进行线性拟合，可求得 b、β 值。该方程用于检验试验数据是否服从两参数韦布尔分布，如果试验数据线性回归结果较好，则证明该组试验数据服从两参数韦布尔分布假设，反之则不成立。

在给定应力水平下，对可靠度 P 可根据下式进行计算：

$$P = 1 - \frac{i}{1 + K} \quad (8-10)$$

式中，K 为在一定应力水平下用于疲劳试验的试件个数；i 为疲劳试件试验数据按照从小到大进行的顺序排列序数。

2. 疲劳寿命的两参数韦布尔分布检验

根据两参数韦布尔分布理论以及本次弯曲疲劳寿命试验结果，得到每组玄武岩纤维混凝土试件在不同应力水平下疲劳寿命 N_p 与相应可靠度 P 之间的关系，如表 8-2～表 8-5 所示。同时，按照表 8-2～表 8-5 的数据作图并进行线性回归分析，回归结果得到 4 种纤维掺量，3 个应力水平下的线性回归系数 b、$\beta=b\ln N_a$ 及相关系数 R^2，如图 8-4 所示。

表 8-2　纤维掺量为 0.0% 时混凝土疲劳寿命的两参数韦布尔分布检验

应力水平	试件编号 (i)	疲劳寿命 (N_i)	$\ln N_i$	$P=1-\dfrac{i}{K+1}$	$\ln \dfrac{1}{p}$	$\ln\left(\ln \dfrac{1}{p}\right)$
	1	130 794	11.781 4	0.75	0.287 7	−1.245 9
0.70	2	216 058	12.283 3	0.50	0.693 1	−0.366 5
	3	299 982	12.611 5	0.25	1.386 3	0.326 6
	1	46 874	10.755 2	0.75	0.287 7	−1.245 9
0.75	2	50 976	10.839 1	0.50	0.693 1	−0.366 5
	3	57 297	10.956 0	0.25	1.386 3	0.326 6
	1	16 436	9.707 2	0.75	0.287 7	−1.245 9
0.80	2	21 604	9.980 6	0.50	0.693 1	−0.366 5
	3	23 718	10.074 6	0.25	1.386 3	0.326 6

表 8-3　纤维掺量为 0.1% 时混凝土疲劳寿命的两参数韦布尔分布检验

应力水平	试件编号 (i)	疲劳寿命 (N_i)	$\ln N_i$	$P=1-\dfrac{i}{K+1}$	$\ln \dfrac{1}{p}$	$\ln\left(\ln \dfrac{1}{p}\right)$
	1	102 279	11.535 5	0.75	0.287 7	−1.245 9
0.70	2	190 059	12.155 1	0.50	0.693 1	−0.366 5
	3	268 202	12.499 5	0.25	1.386 3	0.326 6
	1	49 864	10.817 1	0.75	0.287 7	−1.245 9
0.75	2	86 429	11.367 1	0.50	0.693 1	−0.366 5
	3	153 150	11.939 2	0.25	1.386 3	0.326 6
	1	18 364	9.818 1	0.75	0.287 7	−1.245 9
0.80	2	24 321	10.099 1	0.50	0.693 1	−0.366 5
	3	38 306	10.553 4	0.25	1.386 3	0.326 6

表 8-4　纤维掺量为 0.2% 时混凝土疲劳寿命的两参数韦布尔分布检验

应力水平	试件编号 (i)	疲劳寿命 (N_i)	$\ln N_i$	$P=1-\dfrac{i}{K+1}$	$\ln \dfrac{1}{p}$	$\ln\left(\ln \dfrac{1}{p}\right)$
	1	225 823	12.327 5	0.75	0.287 7	−1.245 9
0.70	2	290 342	12.578 8	0.50	0.693 1	−0.366 5
	3	406 831	12.916 2	0.25	1.386 3	0.326 6
	1	54 268	10.901 7	0.75	0.287 7	−1.245 9
0.75	2	106 845	11.579 1	0.50	0.693 1	−0.366 5
	3	203 764	12.224 7	0.25	1.386 3	0.326 6

应力水平	试件编号 (i)	疲劳寿命 (N_i)	$\ln N_i$	$P=1-\dfrac{i}{K+1}$	$\ln\dfrac{1}{p}$	$\ln\left(\ln\dfrac{1}{p}\right)$
	1	32 526	10.389 8	0.75	0.287 7	−1.245 9
0.80	2	43 325	10.676 5	0.50	0.693 1	−0.366 5
	3	57 307	10.956 2	0.25	1.386 3	0.326 6

表 8-5　纤维掺量为 0.3%时混凝土疲劳寿命的两参数韦布尔分布检验

应力水平	试件编号 (i)	疲劳寿命 (N_i)	$\ln N_i$	$P=1-\dfrac{i}{K+1}$	$\ln\dfrac{1}{p}$	$\ln\left(\ln\dfrac{1}{p}\right)$
	1	287 436	12.568 8	0.75	0.287 7	−1.245 9
0.70	2	368 492	12.817 2	0.50	0.693 1	−0.366 5
	3	598 977	13.303 0	0.25	1.386 3	0.326 6
	1	94 896	11.460 5	0.75	0.287 7	−1.245 9
0.75	2	123 744	11.726 0	0.50	0.693 1	−0.366 5
	3	264 265	12.484 7	0.25	1.386 3	0.326 6
	1	54 239	10.901 2	0.75	0.287 7	−1.245 9
0.80	2	64 835	11.079 6	0.50	0.693 1	−0.366 5
	3	114 454	11.647 9	0.25	1.386 3	0.326 6

由图 8-4 可以看出，玄武岩纤维混凝土疲劳寿命数据点近似呈现直线分布，$\ln N$ 与 $\ln(\ln 1/p)$ 之间线性相关性较好，大部分相关系数 R^2 能达到 0.9 以上，相关性显著，只有极个别由于样本空间容量小以及试件尺寸的特殊性，拟合度出现偏差，但是相关系数 R^2 也达到了 0.75 以上，说明玄武岩纤维混凝土的弯曲疲劳寿命很好地服从两参数韦布尔分布。即两参数韦布尔分布可以用来描述玄武岩纤维混凝土的弯曲疲劳寿命。

8.2.3　弯曲疲劳方程

1. 两参数韦布尔疲劳方程[3]

在混凝土疲劳试验中，为了能够对混凝土的疲劳性能进行分析，通常会选取疲劳寿命 N 为横坐标，应力水平 S 为纵坐标，根据试验结果绘制曲线并进行拟合。常用的混凝土疲劳方程形式有单对数（S-N）疲劳方程（8-11）和双对数疲劳方程（8-12）[4]：

$$S=A-B\lg N \tag{8-11}$$

$$\lg S=\lg a-b\lg N \tag{8-12}$$

式中，N 为疲劳寿命；S 为应力水平；A、B、a、b 为弯曲疲劳参数，由 S-N 曲线拟合得到。

根据图 8-4 的两参数韦布尔分布检验回归分析结果可知，玄武岩纤维混凝土的疲劳寿命符合两参数韦布尔分布，失效概率 $F=1-P$（可靠度）见式（8-

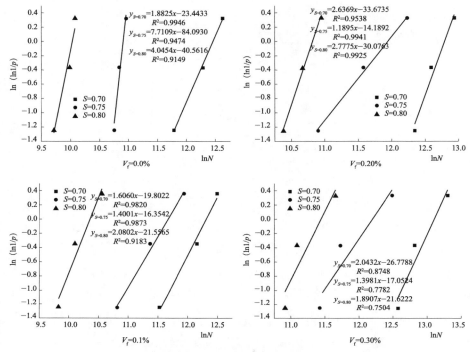

图 8-4 玄武岩纤维混凝土两参数韦布尔分布检验

13)，相应失效概率下的等效疲劳寿命，见式（8-14）。

$$F = 1 - P(N > N_p) = 1 - \exp\left\{-\left[\frac{N_p}{N_a}\right]^b\right\} \tag{8-13}$$

$$N_f = N_a \left[\ln\left(\frac{1}{1-F}\right)\right]^{\frac{1}{b}} \tag{8-14}$$

将图 8-4 中的线性回归系数代入公式（8-14），通过计算可以得出不同应力水平下给定失效概率的玄武岩纤维混凝土的等效疲劳寿命，计算结果见表 8-6。同时，根据表 8-6 的计算结果按照单对数疲劳方程（8-11）和双对数疲劳方程（8-12）进行线性回归，可得到不同失效概率下玄武岩纤维混凝土单对数和双对数疲劳方程回归系数 A、B、$\lg a$、b，线性回归结果见表 8-7。对表 8-7 得出的结果进行分析可以发现。

（1）除了纤维掺量为 0.2%、0.3%，失效概率为 0.1、0.2 时拟合度较低，其余情况下相关系数均能达到 0.9 以上，线性相关性较好，说明玄武岩纤维混凝土的等效疲劳寿命能够较好地符合两参数韦布尔分布。

（2）对比表中数据可以发现，同一纤维掺量下不同失效概率的线性回归系数相差较小，因此有些情况下可以忽略其影响，取各回归系数的平均值得到通用的单对数疲劳方程和双对数疲劳方程并对实际工程中的疲劳寿命进行预测。

表 8-6　不同纤维掺量下混凝土的等效疲劳寿命 N_f

纤维掺量	失效概率	应力水平（S）		
		0.70	0.75	0.80
0.0%	0.1	77 453	40 694	12 970
	0.2	115 386	44 853	15 613
	0.3	148 030	47 665	17 532
	0.4	179 148	49 938	19 160
	0.5	210 680	51 954	20 662
0.1%	0.1	55 748	23 707	10 741
	0.2	88 953	40 518	15 406
	0.3	119 122	56 641	19 302
	0.4	148 980	73 206	22 940
	0.5	180 162	91 038	26 566
0.2%	0.1	149 714	22 853	22 430
	0.2	198 993	42 947	29 387
	0.3	237 723	63 705	34 793
	0.4	272 410	86 163	39 596
	0.5	305 832	111 367	44 195
0.3%	0.1	163 556	39 632	28 167
	0.2	236 142	67 788	41 892
	0.3	297 074	94 807	53 687
	0.4	354 173	122 581	64 920
	0.5	411 236	152 486	76 294

表 8-7　不同纤维掺量下疲劳方程的回归系数

纤维掺量	失效概率	A	B	R^2	lga	b	R^2
0.0%	0.1	1.3198	0.1256	0.9492	0.2038	0.0726	0.9364
	0.2	1.2831	0.1150	0.9980	0.1834	0.0667	0.9948
	0.3	1.2564	0.1078	0.9974	0.1683	0.0626	0.9994
	0.4	1.2354	0.1023	0.9865	0.1564	0.0594	0.9921
	0.5	1.2179	0.0978	0.9722	0.1464	0.0568	0.9805
0.1%	0.1	1.3627	0.1398	0.9990	0.2299	0.0811	1
	0.2	1.3496	0.1309	0.9930	0.2217	0.0758	0.9877
	0.3	1.3387	0.1251	0.9779	0.2151	0.0724	0.9691
	0.4	1.3295	0.1208	0.9622	0.2096	0.0698	0.9510
	0.5	1.3213	0.1171	0.9466	0.2047	0.0677	0.9335
0.2%	0.1	1.1752	0.0919	0.5148	0.1237	0.0539	0.5474
	0.2	1.2653	0.1074	0.7836	0.1753	0.0627	0.8070
	0.3	1.3123	0.1146	0.9125	0.2018	0.0667	0.9276
	0.4	1.3383	0.1179	0.9753	0.2163	0.0685	0.9831
	0.5	1.3518	0.1190	0.9987	0.2236	0.0690	0.9999

续表

纤维掺量	失效概率	A	B	R^2	$\lg a$	b	R^2
	0.1	1.3033	0.1164	0.7782	0.1975	0.0680	0.8018
	0.2	1.3676	0.1250	0.8770	0.2343	0.0728	0.8949
0.3%	0.3	1.4064	0.1297	0.9278	0.2565	0.0755	0.9415
	0.4	1.4346	0.1329	0.9590	0.2725	0.0773	0.9692
	0.5	1.4570	0.1353	0.9791	0.2852	0.0786	0.9862

2. 两参数韦布尔分布对数方程拟合曲线

疲劳方程的 S-N 曲线是指在相同标准的一组试件，以应力水平 S 为纵坐标，等效疲劳寿命 N_f 为横坐标绘制得出的曲线称为 S-N 曲线。疲劳的 P-S-N 曲线是在考虑不同失效概率的情况下绘制得到的 S-N 曲线。工程上通常给出的 S-N 曲线，一般可理解为失效概率为 50% 时的 S-N 曲线[4]。根据本试验绘制的 S-N 曲线如图 8-5 所示。

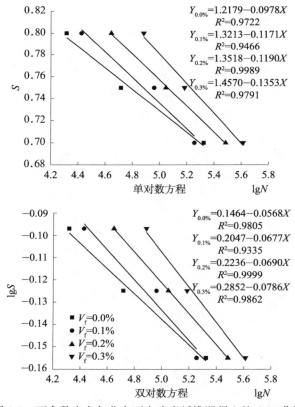

图 8-5　两参数韦布尔分布下玄武岩纤维混凝土的 S-N 曲线

通过图 8-5 可以看出，不同纤维掺量下玄武岩纤维混凝土疲劳方程的相关系数 R^2 均较高，说明应力水平 S 与疲劳寿命 N 之间具有较好的线性关系，根据线性回归结果可以分别得到玄武岩纤维混凝土失效概率为 0.5 时的单对数、双对数疲劳方程，为实际工程中玄武岩纤维混凝土试件的疲劳寿命预测提供参考，见式（8-15）～式（8-18）：

$$V_f = 0.0\% \begin{cases} S = 1.2179 - 0.0978 \lg N \\ \lg S = 0.1464 - 0.0568 \lg N \end{cases} \tag{8-15}$$

$$V_f = 0.1\% \begin{cases} S = 1.3213 - 0.1171 \lg N \\ \lg S = 0.2047 - 0.0677 \lg N \end{cases} \tag{8-16}$$

$$V_f = 0.2\% \begin{cases} S = 1.3518 - 0.1190 \lg N \\ \lg S = 0.2236 - 0.0690 \lg N \end{cases} \tag{8-17}$$

$$V_f = 0.3\% \begin{cases} S = 1.4570 - 0.1353 \lg N \\ \lg S = 0.2852 - 0.0786 \lg N \end{cases} \tag{8-18}$$

8.3　基于 DIC 的冻融环境下玄武岩纤维混凝土疲劳破坏过程

不同纤维掺量的玄武岩纤维混凝土在相同冻融循环次数下发生疲劳破坏时的现象相同，以纤维掺量 0.1% 为例，利用 DIC 对冻融循环后混凝土疲劳全过程进行分析，可得到疲劳加载不同阶段位移场和应变场的变化规律。

8.3.1　水平位移全场分析

图 8-6 为疲劳加载不同阶段时试件表面水平位移云图（图中 N 代表疲劳循环次数，N_A 表示疲劳寿命）。从图中对比可发现，随着疲劳进程的推进，混凝土的水平位移层逐渐显现，色带的变化显示了混凝土各处水平位移的变化情况，在开始阶段，见图 8-6（a），混凝土整体的位移云图主要分为两个区间，且从左到右是逐渐过渡的关系；随着疲劳循环进程的推进，见图 8-6（b），位移区间从中心向四周分为四个区间；相比图 8-6（b），图 8-6（c）之后云图的区间逐渐稳定，说明此时各处的位移变化规律性逐渐增强，可见上部位移基本一致，见图 8-6（d），下部受拉区中心点左右两侧位移逐渐向支座处移动，最终由于位移差产生裂缝，见图 8-6（d）、（e），裂缝逐渐扩展发生疲劳断裂，见图 8-6（f）。

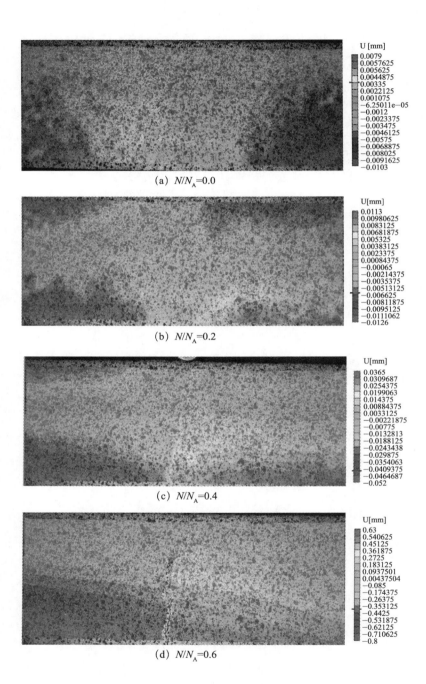

(a) N/N_A=0.0

(b) N/N_A=0.2

(c) N/N_A=0.4

(d) N/N_A=0.6

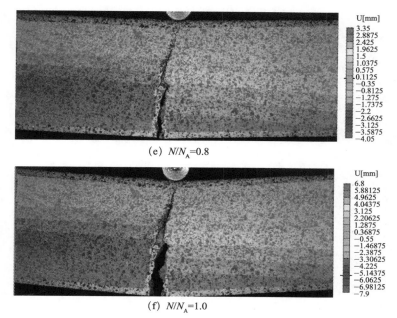

(e) $N/N_A=0.8$

(f) $N/N_A=1.0$

图 8-6　疲劳加载不同阶段水平位移云图

8.3.2　竖向位移全场分析

图 8-7 为疲劳加载不同阶段时试件表面竖向位移云图（图中 N 代表疲劳循环次数，N_A 表示疲劳寿命）。分析混凝土试件疲劳过程中的竖向位移云图变化特征可知全过程挠度变化规律。在疲劳加载的过程中，混凝土试件的挠度具有对称变化的特点，图 8-7（a）中水平方向的弧形色带图由下逐渐向上回缩（图 8-7（b）），到达顶端后如图 8-7（b）所示，由中心处逐渐向下扩展，如图 8-7（c）、（d）所示，最终形成左右对称分布的竖向条带。说明在此过程中支座两端位移向上，中心加载点处位移逐渐向下，竖向位移呈等高线排布特征。

8.3.3　裂缝宽度分析

图 8-8 给出了混凝土疲劳循环过程中的水平位移云图，图中 A、B 两点为试件底边选取的分析点，通过计算 A、B 两点水平位移差即可获取裂缝宽度。由图 8-8 中可见，在选取的分析点出现色带，说明开裂点两端位移变化不均匀，分别向左、右两端移动，最终导致裂缝的产生和扩展。利用 DIC 分析得出的数据绘制疲劳加载不同阶段裂缝宽度（A、B 点水平位移差）变化情况，如图 8-9 所示。

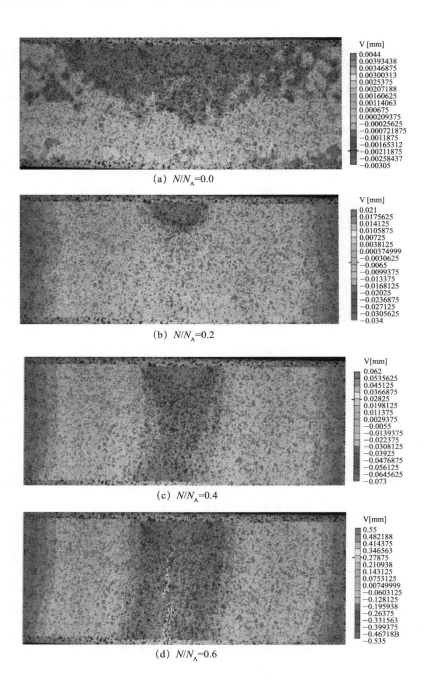

(a) $N/N_A=0.0$

(b) $N/N_A=0.2$

(c) $N/N_A=0.4$

(d) $N/N_A=0.6$

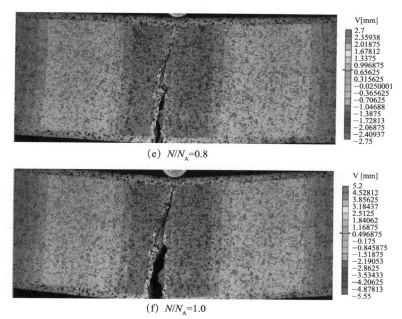

（e）$N/N_A=0.8$

（f）$N/N_A=1.0$

图 8-7　疲劳加载不同阶段竖向位移云图

裂缝宽度分析点

A　B

图 8-8　位移云图

通过图 8-9 的数据以及试验过程中的观察可见，在疲劳次数相同的情况下，混凝土的裂缝宽度随着冻融循环次数的增加逐渐增大。未经冻融循环作用的混凝土，在发生疲劳破坏前裂缝宽度接近于 0，在达到疲劳寿命时，裂缝突然增加发生断裂，说明未冻混凝土发生的疲劳破坏属于脆性断裂，在发生破坏前没有明显的裂缝的产生和扩展。在冻融循环次数较低时，疲劳试验过程中混凝土表面没有可见的裂缝产生，通过图 8-9 中数据显示，只有一些微裂纹逐渐扩展；冻融循环达到 50 次时，疲劳试验过程中混凝土表面出现可见的微裂缝，且裂缝宽度逐渐增大，最终发生疲劳破坏。比较不同冻融循环次数下混凝土裂缝扩展规律发现：在冻融循环次数较少时，玄武岩纤维混凝土在发生疲劳破坏的过

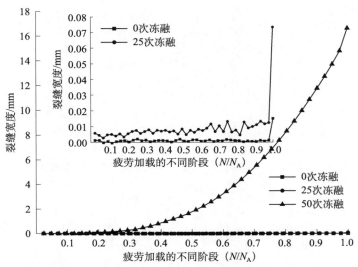

图 8-9　疲劳加载不同阶段冻融循环次数与混凝土裂缝宽度关系曲线（v_f＝0.1%）

程中裂缝宽度较小，最终破坏都是以裂缝宽度突然增加导致混凝土发生破坏，属于脆性破坏特征。随着冻融循环次数的增加，混凝土出现裂缝的时间越来越早，最终破坏时的裂缝宽度越来越大，破坏时的应变也逐渐增加，表现为延性破坏特征。这与分析裂缝处的应变所得的结论一致。分析原因，主要是由于经过冻融循环作用，混凝土的内部损伤加剧、结构疏松，所以裂缝开展时间较早，裂缝最终宽度和基体变形增大。因此在本试验中，冻融循环成为影响混凝土疲劳性能的主要因素。

8.3.4　水平应变分析

图 8-10 为疲劳加载不同阶段时试件表面水平应变云图。对比各图可知，疲劳加载过程中混凝土的应变经历了 5 个阶段的变化过程：应变调整阶段（图（a））；开裂点选择阶段（图（b））；开裂点确定阶段（图（c））；裂缝扩展阶段（图（d））以及最后的破坏阶段（图（e）、（f））。在以往研究混凝土疲劳破坏的过程中，通常使用的是三阶段变化理论，即通过应变片的方式将整个过程从宏观上进行划分和说明。在应变云图中，我们可以清晰地看到裂缝从产生到最终断裂的全过程变化特点，随着疲劳循环加载，在选择开裂点（图（b））之后，下部混凝土首先退出工作，裂缝逐渐向上扩展，最终发生疲劳破坏。

图 8-11 为疲劳循环加载过程中的水平应变云图，云图中的不同颜色代表了拉压应变及应变数值的大小。图（a）中上部中心加载点出现了三个集中的应变区域，正中心位置为浅灰色应力集中区，左右两端为深灰色应力集中区，说

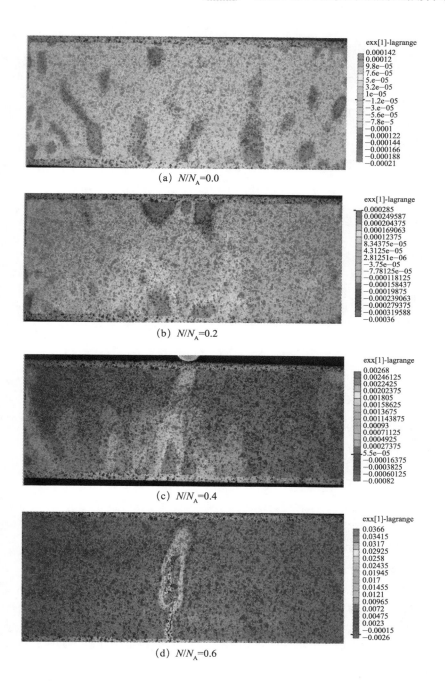

(a) $N/N_A=0.0$

(b) $N/N_A=0.2$

(c) $N/N_A=0.4$

(d) $N/N_A=0.6$

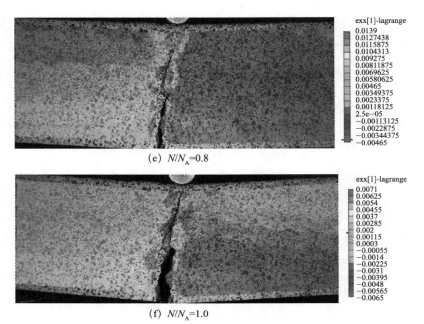

(e) N/N_A=0.8

(f) N/N_A=1.0

图 8-10　疲劳加载不同阶段应变云图

明疲劳加载过程中，加载点处混凝土材料受拉，应变为正；左右两端混凝土材料受压，应变为负。在试件下端出现两条浅灰色色带，说明这两处受到的拉应变较大，可能为出现裂缝处。图（b）可以发现，继续进行疲劳加载时裂缝扩展区域（图中虚线部分）基本确定，应变逐步向上发展。对比（a）、（b）两图可知，混凝土发生疲劳破坏的过程中，整个试块应变变化逐渐趋于稳定，疲劳荷载变形区的特点也逐渐明显。以 M 点为分析点，根据 DIC 的数据计算结果绘制疲劳加载不同阶段混凝土裂缝处（M 点）的应变变化情况，如图 8-12 所示。

　　通过图 8-12 的曲线关系以及试验过程中观察到的现象可知，不同冻融循环次数下的混凝土发生疲劳破坏时的现象不同。未冻混凝土在达到疲劳强度以前裂缝处的应变几乎没有变化，不同于钢筋混凝土的疲劳破坏，试验中混凝土试件在断裂之前没有明显的征兆，表面也没有裂缝产生，这是由于，混凝土作为一种脆性材料在疲劳循环荷载的作用下达到疲劳强度最终发生的是脆性断裂。分析图 8-12 可见，随着冻融循环次数的增加，混凝土的变形逐渐增大，通过图 8-12 中 0 次和 25 次应变放大图可知，冻融循环 25 次时混凝土裂缝处的应变是未冻混凝土裂缝处应变的 5～10 倍，且随着疲劳次数的增加，这种差异越来越明显，当达到疲劳中期 N/N_A＝0.45 时，冻融循环 50 次的混凝土裂缝处的应变快速增加，裂缝发生扩展，说明冻融循环作用下混凝土疲劳破坏表现为延性破坏特征。

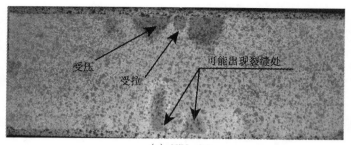

（a）N/N_A=0.3

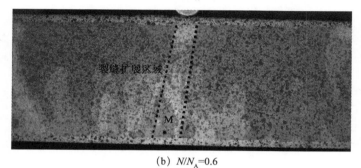

（b）N/N_A=0.6

图 8-11　应变云图

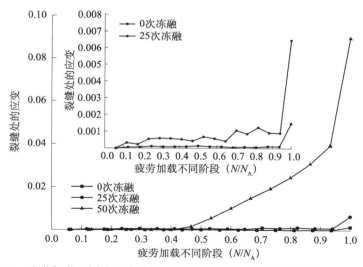

图 8-12　疲劳加载不同阶段冻融循环次数与混凝土应变关系曲线（v_f=0.1%）

参 考 文 献

[1] 高丹盈，赵亮平，冯虎，等. 钢纤维混凝土弯曲韧性及其评价方法 [J]. 建筑材料学报，2014，17（5）：783-789.

[2] 洪锦祥，缪昌文，黄卫，等. 冻融损伤对混凝土疲劳性能的影响 [J]. 土木工程学报，2012，45（6）：83-89.

[3] 高镇同，熊峻江. 疲劳可靠性 [M]. 北京：北京航空航天大学出版社，2000.

[4] 吕雁. 玻璃纤维混凝土弯曲疲劳性能及累积损伤研究 [D]. 昆明：昆明理工大学，2012.

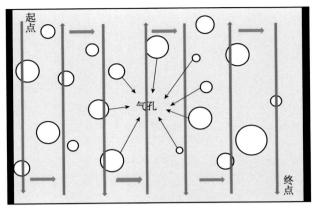

图 4-5 　光学法孔结构测试原理

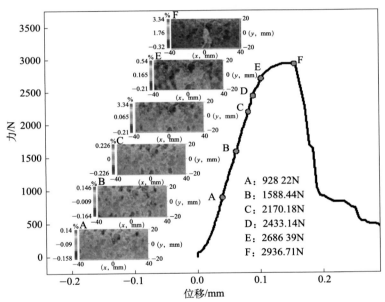

图 5-4 　不同荷载作用下水平应变 ε_{xx} 的分布云图及荷载挠度曲线

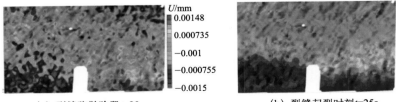

（a）裂缝弥散阶段t=20s　　　　　　　（b）裂缝起裂时刻t=25s

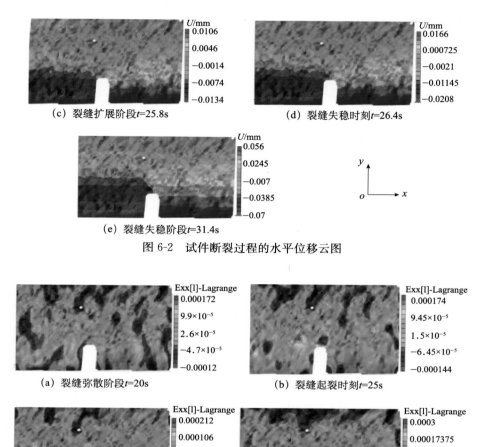

（c）裂缝扩展阶段t=25.8s

（d）裂缝失稳时刻t=26.4s

（e）裂缝失稳阶段t=31.4s

图 6-2　试件断裂过程的水平位移云图

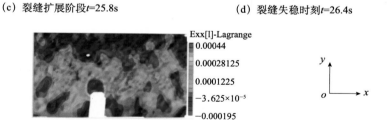

（a）裂缝弥散阶段t=20s

（b）裂缝起裂时刻t=25s

（c）裂缝扩展阶段t=25.8s

（d）裂缝失稳时刻t=26.4s

（e）裂缝失稳阶段t=31.4s

图 6-3　试件断裂过程的水平应变云图